U0024036

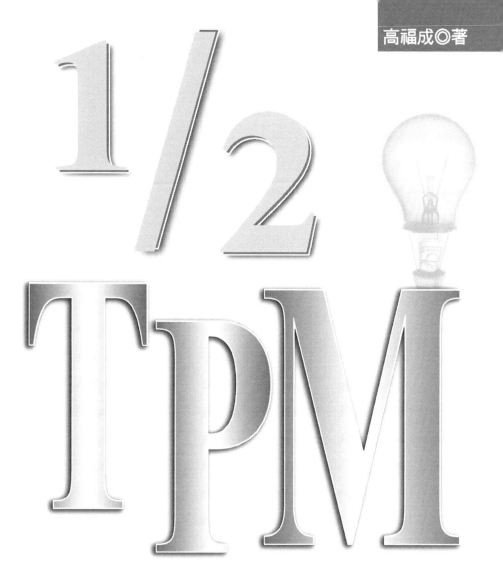

高福成◎著

1/2 TPM

徹底實踐效率化的製造策略

Reading, Thinking,
and Another ?
Do it !

推薦序

　　近年來國內各個產業均遭受到能源短缺、環境公害、高工資成本及消費者對產品高品質之需求衝擊，使得企業界必須改變經營型態，朝向自動化、低成本及高生產力的方向去努力，因而深切體會設備保養的優劣，不僅是生產力高低之主要關鍵，且係決定製品品質、量及成本之重要因素，故設備保養的使命與任務，益形重要；於是產生了新的理念，即在設備的一生中，自規劃、設計、安裝至生產、損壞的期間，在最經濟的成本下，如何方能維護其最大效益。

　　一般而言，在高度經濟成長期間，各企業為因應需求量擴大之要求，大部分以盡量減少設備故障來增加生產量，亦即以最大之操作率為目標，但自發生能源危機以後，世界經濟由高成長滑落至低成長期。需求量未明顯擴增，企業之經營方針，不得不由量之擴大，轉變為質的提高，因此省能源、省資源、省人力、以及環境污染及工安災害減少控制等因素即成為大家探討之重點，同時對設備之信賴度，維護能力及經濟性等亦日益重視，因此全面生產保養活動乃運應而生。

　　在過去設備保養之實施，大部分係俟機器設備發生故障後為之，如此不僅影響作業安全且易使生產線停頓，造成企業鉅額損失，於是在一九二五年美國開始實施預防保養制度。而日本係在韓戰時，美軍為了確保其裝備的高度可靠性，並推行週期性檢查、調整、注油及整修等一連串的保養

措施,一九五四年美國通用電氣公司為提高生產力而推行生產保養,在當時這種改善保養及預防保養工作,係由保養人員單獨負責,既得不到作業人員的充分配合,亦得不到經營者的全力支持,因而成效不彰。日本業界有鑑於此,遂於一九七一年由日本電裝株式會社引進高階層經營管理者至現場作業人員全面參與之保養制度,整個推動狀況,此即為所稱之 TPM(Total Productive Maintenance)制度之始。近三十多年來,TPM 更隨著環境變遷及企業之需求,而將原來 TPM 之 M 由保養(Maintenance),而蛻變為管理(Management)。

又值此全球化國際化貿易之競爭壓力下,我國產業所遭受的衝擊及影響必日趨擴大,為了改善廠商體質,使其提高生產力,TPM 制度的推行乃是刻不容緩之計,惟 TPM 的導入除須有高階層的支持、參與、承諾及行動外,更須工廠各部門的密切配合,第一線作業員基本觀念的建立與切實認真的執行,乃是成功的重要因素所在。

本書乃係筆者多年推動 TPM 活動實際心得與經驗之菁華,並參考國內外各 TPM 制度資料加以彙整而成,是國內少數由國人自行出版之參考用書,頗值得各企業參考引用,希望能做為各企業提高生產效率,降低品質不良及成本,以及增強競爭力,所不可或缺之參考教材及利器。

社團法人中華全面生產管理發展協會

理事長 沈文郁

2006 年 7 月

作者序

　　經營環境越來越競爭，企業時時刻刻都在思考如何透過不同的策略與競爭者有所差異，而世界級的三大製造技術—TQM（Total Quality Management）、TPM（Total Productive Maintenance）與 LP（Lean Production）在企業中扮演著不同的角色與功能，其中，TPM 藉由從基層至最高經營者全面參與，並以設備保養為中心來展開，具有一定程度的效益，也在全世界各企業中逐漸普及。

　　近年來，雖然各式各樣的管理技巧不斷出現，然而透過TPM 來改善效率、品質與成本，仍是各企業在管理水準達到一定程度時的重要選項，這並非表示 TPM 具有萬能改善的能力，而是表示企業改善已經達到一定的水準，以往系統面的問題已經藉由其他方法改善完成，尚餘較困難、細微的問題，尤其有些是從設備面衍生的問題，是難以透過其他改善技能來解決的。

　　TPM 表面上談的是設備，然而其基本哲學思想則植基於三大精神：一是「魔鬼就藏在細節裡」，所以「零」是TPM 的唯一追求目標，所謂的零，在效率及成本方面，是零損失，在品質方面，是零不良，在交期方面，是零延遲，在安全方面，則是零災害，在士氣方面，是全員參與。另一個精神則是「解決問題在現場」，也就是問題發生在哪裡，解決的人就在哪裡，解決問題不是在會議室討論就可以結

束,一定要親自到發生點去實際觀察、瞭解。第三個精神是「看數據說話」,收集相關數據,並加以解析,找出真正問題發生的根源,並針對這個真因加以解決,經驗,可以將問題的範圍鎖定,每個數字背後都有一個故事,數據,告訴我們這樣的方向是否正確,以及背後可能的原因有哪些,兩者相輔相成,但絕不只依賴一種。

　　這本書,是作為企業實踐 TPM 時的觀念教育教材,書的結構,分成三大部分,第一部份觀念篇,談 TPM 的基本理論與觀念;第二部分實踐篇,分為八大支柱的作法、幾個在 TPM 中常用的工具介紹,最後則是個案篇,呈現一個企業實踐 TPM 的過程。全書內容從理論的基礎談到實踐過程的方法,有很枯燥看似無用的文獻探討,也有典型 TPM 常見的八大支柱作法說明,我認為每一個部分都很重要,建議有心實踐 TPM 的人,都要好好看看這些內容。如果有讀書會的企業,也可以拿來當成研讀資料,每頁都留有充足的空白,可供學習者隨時記下分享的相關訊息。

　　書上所寫的一些概念,每一種看起來都似曾相識,通常是最容易被忽略的,然而這些內容稱為「根本」,根本的東西是否紮實,將會影響未來實踐的透徹度。除了書上所寫的,另外還有 1/2 不是在本書中可以談的是「實踐」,畢竟解決問題、創造效益才是 TPM 實踐的重點,觀念是讓我們在解決問題的共識與過程中,能更具備理論化的基礎,使實踐者「知其然且知其所以然」,而實踐真正的重點在於「走入現場,瞭解現場,運用方法,在現場解決問題」,所謂「徒有方法,不足以煉鋼」,因此,萬萬不可誤以為讀了一些 TPM 的書籍,

就一定會做 TPM 了。

　　這本書的完成，除了感謝指導教授林震岩老師在研究所寫論文時的細心指導，家人的支持，也特別感謝友達光電、正美集團在這段努力實踐 TPM 的過程中，帶給我的寫作靈感，當然，在 TPM 方面栽培我最多的台灣山葉機車公司，仍是我一生最感恩的企業，在 TPM 方面教導我最多的長田貴先生、生熊利次先生、小栗敏郎先生，在此，一併致上最高謝意。

　　不管您是拿這本書當成教材的講師、顧問或者是對 TPM 有興趣的讀者，若有任何心得交換分享，都歡迎隨時透過 e-mail 或上公司網站的方式來溝通。

　　高福成 e-mail: kaotpm@msn.com　　或

　　上網站瞭解 TPM 相關資料：http://www.leantpm.com.tw

目次

第一部份　觀念篇

　　第一部份的內容主要談論在 TPM 導入前應具備的一些基本觀念，分成兩章，第一章從企業競爭的觀點出發，敘述未來實踐 TPM 管理過程中有該先具備的觀念；第二章則是將 TPM 的誕生、演進及在企業中的實施成效，採文獻探討的方式加以闡述，相信對認識 TPM 可以提供較整體性的輪廓。

第一章　管理的基礎觀念

本章在說明 TPM 與其他管理技術的基本觀念，這是在進行任何管理活動之前，每個人都應該要具備的思維，基本的管理精神若沒有掌握住，任何管理活動只會流於形式。

第一節　為何 TPM 那麼重要

管理活動種類非常多，尤其在製造方面進行持續改善的活動，例如早期的 Total Quality Management（TQM）、Total Productive Maintenance（TPM）、Lean Production（LP）、Quick Response（QR），以及近幾年的 Six Sigma、Lean Sigma 等，Ho（1999）曾提出 TQMEX Model（TQM excellence model），此模式包含五個基本步驟，依次為 5S→BPR→ISO9000→TPM→TQM，其說明要達到卓越的 TQM 績效，可以透過 5S 的品質技術基礎，配合外在環境以顧客為導向，實施企業流程再造，並以 ISO9000 的推行，輔以 TPM 的手法，並進而達成 TQM 的績效，創造企業優勢，基本上，TPM 與 TQM 是相輔相成的（表 1-1-1），學者 Flynn（1995）認為公司僅以品質改善的技法來維持其競爭優勢是不夠的，還必須採行 TPM 以改善設備績效，進而提昇 TQM 的品質改善績效，如此才能延續公司的競爭優勢；另外 McKone（1999）在研究結論中提到 TPM 的實行程度與 TQM 及 JIT

的實行程度密切相關；Imai（1998）也認為 TPM 及 TQM 是支持 JIT 生產系統的兩大重點；McKone（2001）則更進一步提及 TPM 的實行正向顯著影響 TQM 及 JIT 的實行。

在非常多的書籍與個案研究中，也都認為實施 TPM 有非常好的利益（Nakajima, 1988; Garwood, 1990; Suzuki,1992; Tsuchiya, 1992; Koelsch, 1993; Steinbacher & Steinbacher, 1993），讀者有興趣，可以把這些當成參考資料來閱讀，可以加深對 TPM 理論基礎的認識。

表 1-1-1　TPM 與 TQM 的特色比較

	TPM	TQM
目的	企業體質的改善，提高業績，建立良好工作場所	
管理對象	設備面著手 輸入側、原因	品質面著手 輸出側、結果
達到目的的方法	實現現場現物的應有形態 硬體指向	管理的體系化 軟體指向
人材培育	固有技術中心 設備技術、保養技能	管理技術中心 QC 手法
小集團活動	公司正式職務別活動 與小集團活動的一體化	自主的小組活動
入門手法	5S	QC
中心型態	下情上達 5S 行動中心型	上令下達 管理中心型
目標	徹底排除損失、浪費 挑戰零缺點的水準	PPM 要求的品質

資料來源：參考中嶋清一（1995）整理

第二節　實踐 TPM 之前應該有的認識

企業生存在現在競爭如此激烈的環境中，靠得是什麼？是資金？是品質？是技術？沒錯，這些都很重要，沒有這些一切都免談了，但是，只有這些，一切也免談了，因為這些是必備基礎條件而非競爭差異化的訴求。

我們探討一些經營績效卓越的企業，發現這些企業具備著幾個共通的特點（如圖 1-2-1），這些特點，並不侷限於國家別、種族別、或是企業規模之差異。

圖 1-2-1 競爭四要素

這四個特點分別是回應加速（Responsiveness）、資源發揮（Resource Effectiveness）、效益倍增（Results Acceleration）以及良好的領導統御能力（Leadership），我把它稱為競爭四要素，也有人稱為競爭力三 R 一 L。

一、回應加速

競爭要素中，回應加速是最終的顯現，也是顧客所關心

的，要達成回應加速，則必須在企業內部有完美的運作，換句話說，只有把資源有效發揮，並將改善過程的資訊加以運用，才有可能讓反應加速，這三者可以說是環環相扣的，當然，這些過程如果沒有良好的領導統御能力，一切都將事倍功半。

雪印的回應速度

　　2000 年 7 月 1 日是一個值得借鏡的日子，日本第一大乳品業「雪印乳業」產品因為連續 22 天未清洗乳品加工槽活門而引發的食品中毒事件；在 6 月 28 日接獲四名學童中毒消息時，並未加以重視，而以「真的嗎？」來漠視這個事件，直至 7 月 1 日曝光後，中毒人數已達到一千二百人，但是雪印仍然一直想要掩飾真正狀況，並且延誤回收含毒素乳品之時機，導致中毒人數在一週內暴增至一萬餘人，當然，從「雪印低脂鮮乳」證實含毒素開始，直到 7 月 5 日才公佈及回收其他含毒素的「雪印每日粗骨」及「雪印鈣力」，雪印因為反應速度緩慢，付出了慘痛的代價，除了二十一家牛奶加工廠無限期停產外，光是賠償金與庫存損失金額，就高達二十億日圓以上，當然，消費者何時會重拾購買雪印產品的信心呢？這才是真正的問題。

　　其他企業是以何種速度在反應的呢？同是乳品業的第三大廠「森永乳品」，在 22 名顧客上吐下瀉後，暫停該類乳品生產，麒麟啤酒則在顧客抱怨其運動飲料 Kirin Speed 有異味時，立即下令回收七萬罐這類飲料。

　　向來，對於危機處理反應速度過慢的企業就沒有好下場

過，各位印象深刻的德國奧迪（Audi）汽車公司因產品「突然加速」，造成七死四百餘人受傷的事件，整個事件處理時間超過數個月，銷售量從 1985 年的七萬四千輛直落到 1987 年的二萬六千輛。

嬌生公司（Johnson & Johnson） 的回應速度

　　1982 年 9 月嬌生公司（Johnson & Johnson）的暢銷產品之一，泰諾（Tylenol）膠囊被一位精神異常者注入氰化物，前後造成七人喪生，該公司立即發動全體員工將貨架上的產品回收，但是第二天在加州又發現被下毒的產品，因此，強生公司立即在全美泰諾（Tylenol）行銷網上全面回收該產品，結果又發現兩瓶藥被下了毒。董事長 James Burke 也每隔半小時舉行一次記者會，以便社會大眾了解實際狀況。

　　我們相信：

　　本公司最重要的就是要對

　　用我們產品的

　　醫生、護士、母親和病人

　　負起責任。

----Johnson & Johnson

　　就因為 Johnson & Johnson 對於人性尊重的經營理念，貫徹到每一個員工的心坎，讓他們知道第一要務就是對使用他們產品的人負責，也因為這樣的反應速度，讓它在 1985 年就佔有市場 35%。

 看到這裡，請您靜下來思考兩個問題：

1. 最近有哪些類似的案例？這些企業又是如何處理這種事件？

2. 公司的經營理念是什麼？（請寫在空白處）

很多企業致力於品質改善運動，這是一件好事，但是，品質運動並非萬靈丹，對多數公司而言，講求品質至上的，只是重視如何將改善技巧運用在技術層面，卻忽略顧客本身的需求。大部分公司在推行品質改善運動時，執行改善的人，不清楚為了什麼要改善，只是依照公司內部某人的意思或想法，而不去思考這些改善的問題是否與顧客有關。其實，我們該重視的品質，應該是顧客心目中的品質。

顧客
是我們經營事業的理由
是我們努力工作的動力

其實，顧客抱怨之處理反應時間只是企業經營中最基本的問題。如果您買了一部汽車，結果開沒幾天，便發現後車箱有異音，這種異音令後座的人非常不舒服，原廠維修人員竟然對您說，這種車每一輛都會有這種異音，而這個問題在反應五年之後，結果沒有發現有改善的動作；類似這樣的企業，您還能期望有什麼滿意的顧客呢，當然如果連這種問題都緩慢回應，這樣企業經營要有好績效是頗為困難的。

有一句話說：「他們死了，是因為他們過於懶惰，懶惰於傾聽顧客的聲音」；根據我們的經驗，這種顧客抱怨處理時間與企業經營危機的關係極為密切，如表 1-2-1 所示（2005

年以前是如此，之後將隨之更為縮短）。

表 1-2-1 抱怨處理時間與企業危機等級

抱怨處理時間	經營危機等級
7 天以上	重度危機企業
3~6 天	中度危機企業
2 天	輕度危機企業
12 小時以內	正常企業

我相信很久以前大家都有聽過「香草冰淇淋」的真實案例，在此轉載一部份供大家溫習，事實是這樣的：

有一天美國通用汽車公司（由馬車製造商—W.C 杜蘭特兼併 20 餘家汽車製造商於 1908 年所創立的汽車公司）的 Pontiac 部門收到一封客戶抱怨信，上面是這樣寫的：

「這是我為了同一件事第二次寫信給你，我不會怪你們為什麼沒有回信給我，因為我也覺得這樣別人會認為我瘋了，但這的確是一個事實。

我們家有一個傳統的習慣，就是我們每天在吃完晚餐後，都會以冰淇淋來當我們的飯後甜點。由於冰淇淋的口味很多，所以我們家每天在飯後才投票決定要吃哪一種口味，等大家決定後我就會開車去買。

但自從最近我買了一部新的 Pontiac 後，在我去買冰淇淋的這段路程問題就發生了。你知道嗎？每當我買的冰淇淋是香草口味時，我從店裡出來車子就發不動。但如果我買的是其他的口味，車子發動就順得很。

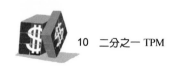

我要讓你知道，我對這件事情是非常認真的，儘管這個問題聽起來很豬頭。

※為什麼這部 Pontiac 當我買了香草冰淇淋它就秀逗，而我不管什麼時候買其他口味的冰淇淋，它就一尾活龍？為什麼？為什麼？※」

事實上 Pontiac 的總經理對這封信還真的心存懷疑，但他還是派了一位工程師去查看究竟。當工程師去找這位仁兄時，很驚訝的發現這封信是出之於一位事業成功、樂觀、且受了高等教育的人。

工程師安排與這位仁兄的見面時間剛好是在用完晚餐的時間，兩人於是一個箭步躍上車，往冰淇淋店開去。那個晚上投票結果是香草口味，當買好香草冰淇淋回到車上後，車子又秀逗了。

這位工程師之後又依約來了三個晚上。

第一晚，巧克力冰淇淋，車子沒事。

第二晚，草莓冰淇淋，車子也沒事。

第三晚，香草冰淇淋，車子——秀逗。

這位思考有邏輯的工程師，到目前還是死不相信這位仁兄的車子對香草過敏。因此，他仍然不放棄繼續安排相同的行程，希望能夠將這個問題解決。

工程師開始記下從頭到現在所發生的種種詳細資料，如時間、車子使用油的種類、車子開出及開回的時間……，根據資料顯示他有了一個結論，這位仁兄買香草冰淇淋所花的時間比其他口味的要少。

為什麼呢？原因是出在這家冰淇淋店的內部設置的問

題。因為，香草冰淇淋是所有冰淇淋口味中最暢銷的口味，店家為了讓顧客每次都能很快的取拿，將香草口味特別分開陳列在單獨的冰櫃，並將冰櫃放置在店的前端；至於其他口味則放置在距離收銀檯較遠的後端。

　　現在，工程師所要知道的疑問是，為什麼這部車會因為從熄火到重新啟動的時間較短時就會秀逗？原因很清楚，絕對不是因為香草冰淇淋的關係，工程師很快地由心中浮現出，答案應該是「蒸氣鎖」。因為當這位仁兄買其他口味時，由於時間較久，引擎有足夠的時間散熱，重新發動時就沒有太大的問題。但是買香草口味時，由於花的時間較短，引擎太熱以至於還無法讓「蒸氣鎖」有足夠的散熱時間。

　　找到問題的癥結之所在後，美國通用汽車公司 Pontiac 製造廠的工程師，在第一時間向廠長反映了「蒸氣鎖」的缺陷。過沒多久，隨時可以重新發動引擎的「蒸氣鎖」應運而生了，進而大大提升了 Pontiac 高級轎車的知名度。

　　顧客滿意策略是一種心理活動，是顧客的需求被滿足後的愉悅感，對於任何企業而言，顧客滿意是至關重要的，只有讓顧客滿意，企業才能生存，只有滿意的顧客持續產生購買行為，成為忠誠顧客，企業才能實現永續經營的基本目標。

　　從市場價值鏈分析一名顧客如何成為忠誠顧客，可以得出七個主要的過程：

　1.顧客購買商品或服務。

　2.使用後對商品及服務感到滿意。

　3.某些理性消費者或商品的購置成本低，有機會時會購買同類型其他產品，進行比較。

4.認定出滿意的品牌商品。

5.對滿意商品之企業形象有好的評價，對售後服務感到滿意，特別關注媒體報導該商品或企業之訊息，並持續接受有關該企業的正面資訊。

6.產生持續購買行為並成為忠誠顧客。

7.主動向外宣傳，建立口碑，擴大顧客群（例如香草冰淇淋的案例，變成家喻戶曉的故事時，不就是最好的免費宣傳嗎）。

顧客的價值，不在於他一次購買的金額，而是他一生能帶來的總額，包括它的影響力與宣傳能力，這樣累積起來，數目相當驚人。我們假定以一位顧客每次的購買金額為 5 元，假設其每兩天產生一次購買行為，以 10 年計算：$5 \times 365 \div 2 \times 10 = 9125$ 元。再假設該顧客在 10 年中又影響到 100 人（有些公眾人物的影響力更加可觀），使他們都成為該企業的顧客，那 購買總額將擴大 100 倍左右，這是一筆多大的收入？

回應速度除了談基礎的顧客抱怨處理之外，一般運作也很重要，想一想，您在網路上買一本書，希望 24 小時內收到，還是希望 24 天內收到？不過這些做得好，只能確保您有機會存活下來，並不保證會有豐厚的經營利潤，因為，更重要的是顧客潛在需求的回應，也就是研發新產品以滿足顧客需求的速度。

個案──顧客的需求

出差時，想要掌握行程要靠 PDA，想要講課或做簡報得帶手提電腦（Note book），有些客戶沒有數位投影機，還要帶一台數位投影機，乘車時想要補一補破英文，得帶一台 CD Walkman，還得加上一串耳機，當然，偶爾還得查一查看不懂的單字，靠 PDA 的翻譯軟體或帶一台翻譯機？除了這一些，語言雜誌、當日報紙也要隨身攜帶，手機（Mobil phone）必然也不可缺，想要讓出差過程過得充實些，至少要帶 9 樣東西，這還不包括手提電腦充電設備、手機充電電池、CD Walkman 電池及要收聽的語言 CD，這麼麻煩的事，難道沒有辦法加以整合？例如手提電腦本身就可以直接投影，PDA 可以融合雜誌（為何要有一大本雜誌？播放 CD 時，PDA 螢幕上應該自然就可以顯示這些圖像或文字）、CD Walkman 及語言 CD（未來 Mobil Commerce 成熟時，連這薄薄的一片都可以省掉）三者，這個機器暫時把它統稱一個名詞叫 PEA （Personal Evection Assistant; 個人出差助理），加上一個 0.3cm 大小的無線貼片式或耳塞式耳機，這樣的要求應該不過份吧，我只是想讓手提行李箱可以輕一點、多出很多空間來帶一些零食而已；當然，如果您更貼心些，或許可以將 PEA 又融合 Mobil phone 及手提電腦，也許可以稱為 PFA（Personal Funny Assistant），這樣只要帶著一個小小的 PFA 加上一個軟式鍵盤（Sheet Board）就可解決一切煩惱，當然我相信連軟式鍵盤應該都可以省掉才對。

　　這個例子，只是說明顧客的需求，這種需求只要有企業推出相關的產品，縱使無法一下子完全滿足這位出差者的需求，只要一步一步達成，顧客便會成為其終身忠實夥伴，誰先達成第一步，誰就是這一個階段的贏家，毫釐優勢便是由此產生。

　　現在的競爭環境不似以往，快速、短暫是一種不可避免的趨勢，U.C. Berkeley 的一個教授，他做一個分析，在十五世紀以前的農業社會，經濟成長率很慢，平均全世界的個人所得成長，在十五世紀的時候，大概每年 0.1%，也就是說十年只有 1%，一百年不過 10%，可是從工業革命開始以後，個人經濟所得，數字一直在提高，直到二十世紀下半年，大概是全世界平均個人的經濟成長，大概已達到 3%，也就是說，我們在二十世紀下半段經濟成長，和十五世紀農業時代成長三十年，一年等於三十年，說這是一個超越 30 倍速的時代一點也不過分，有一句諺語「五月蜂群，價值一把乾草；六月蜂群，價值一把銀湯匙；七月蜂群，價值不如蒼蠅」。企業必須快速反應、掌握時機，我們無法再期望靠一個產品賺好幾年了；現在，一個好產品也許可以維持幾個月的優勢，但，未來呢？馬上來臨的可能演變成只有幾週的優勢而已，誰敢保證這樣的狀況不會發生呢？以前生產型態從多量少樣演變成少量多樣，甚至一人一樣（客製化）的型態也越來越普遍了，所以產品一天 model change 幾十次，乃是必然也是正常的趨勢，我們不必費神去找出如何消除顧客多變心態的答案，也不必花時間去研究如何反抗這種趨勢，因為反抗趨勢或是鄙視趨勢從來就不會產生好的經營績效，但是，

領導趨勢卻可以讓企業存活機率大增，也享有超額的利潤，請記住，企業的競爭的態勢：「只有前三名，沒有第四名」、「大者何大，小者益小」。

　　企業要能存活，就必須能夠掌握市場脈動，以儘可能寬廣的角度分析市場，並不斷探討現有顧客與潛在顧客未來的需求，想盡辦法找出滿足顧客需求的方法及研發前瞻性的產品。

 看到這裡，請您靜下來思考兩個問題：

1.目前我們公司在業界是第幾名？本國排名？全球排名？
2.上述答案對我們有何啟示？

二、資源發揮

　　只重視內部問題點而忽略顧客的心聲，是反應速度不夠快的原因之一，另一個主因則在於藉助資訊科技工具協助流程效率化的程度不足，導致流程時間變長，無法使企業資訊的流動速度加快，當然決策的速度也就相對變慢。

　　企業資源是有限還是無限？

　　我們重新思考一個企業表單簽核的簡單問題，多數表單通常經過幾個層級簽章是合理的？五個、四個、三個、二個或一個？

　　這是一個企業資源是否有效運用的明顯例子，企業的反應時間當然直接受運作流程時間長短的影響，五個與一個，您認為哪一個流程時間較短？五個與一個，您認為哪一個耗用的資源較少呢？當然，這牽涉到人力資源領域的問題，如

果一開始我們就抱持著對人的信賴及選對人工作，則上述問題自然迎刃而解了。

對於現代企業經營亦是重要的準則，領導者必須隨時保有這樣的心思及思考模式，在面對經營環境時時刻刻在改變的時代，領導者不可拘泥於過去的想法與作法，要忘掉過去，思考未來。

奇異公司威爾許在一九八三年將奇異的家用電器事業出售，這項出售宣布後造成員工的恐慌與憤怒，認為是權利被剝奪與打擊。他們說放棄烤麵包機、熨斗與風扇，就等於出賣奇異的祖產一般。因為家電用品是奇異公司幾代以來的主力商品，奇異是靠這些產品起家的。而威爾許回覆他們的答案是：「到了廿一世紀，你們是要與麵包機為伍，還是擁抱 X 光斷層掃瞄機？」

「這是一個如何在全球市場上，以高附價值的新商品取代舊商品的問題。家用電器對過去的奇異是貢獻良多的，但是奇異的未來沒家電用品可扮演的角色，奇異的核心競爭優勢不能在家電用品上做最有效率地發揮。」

威爾許看到奇異的核心優勢在科技、科技資源、財力資源...等，他知道奇異有能力花數億美元，花數年時間研發新一代的飛機引擎，新一代的氣渦輪機或新一代的醫療診斷掃瞄機，這些事業都有一個共同點：高科技條件、高研發費用，並且能夠保有領先實力。

身為領導者，必須時時面對現實，面對世界競爭愈來愈激烈，競爭愈來愈快速，必須時時做創新，不沉迷於過去，否則終將為市場所淘汰。

　　因此，企業資源的有效發揮，要靠合適的人，使用適當的資訊科技工具，在優異的領導技巧下，從事滿足顧客未來需求的工作。

　　在策略面上，當然也要考慮到資源的有限性。

　　當你知道你應該做什麼時，你很容易便知道你不應該做什麼。

　　這是著名的儲存管理公司 EMC 羅格斯（Michael Ruettgers）在資源運用上所下的最好註解。

 看到這裡，請您靜下來思考兩個問題：

1.目前我們公司有哪些流程速度特別慢？為什麼？

2.我們在思考流程時，有沒有從客戶角度來思考？或者只從內部管理角度來設計？

三、效益倍增

　　在企業愈競爭的狀態下，持續擁有優質的員工將是競爭成敗的重要關鍵因素，一開始就用對人是最基本的，但是這些員工如何持續擁有其競爭力呢，這就有賴企業持續不斷提供教育訓練與創新的環境了。

　　從大區間來看企業進行的改善活動，最傷腦筋的是改善的重點內容有一部份是大同小異的，換句話說，現在在思考如何解決問題方法的人，根本不知道以往有哪些人曾經思考過類似的問題，當然也不知道類似問題是如何被解決的，這不僅僅是資源的浪費，也造成企業無法快速進步的阻力。

典型的企業進行經驗的累積，靠的是人的腦袋瓜，好一點的會輸出成文件化資料，但是，是否會充分運用這些資料，則是企業進步速度的重要衡量指標之一，換個角度來說，在思考問題的過程中，過去解決問題的資料庫中有多少比例的資料被檢索過，這是資料價值的指標，如果有資料庫，但是卻沒有人知道要去用它，這些資料的存在價值將會受到影響。

現在已正式邁入新經濟──知識經濟的時代，產業的型態也慢慢轉變，以往以低成本努力為主的經營模式，慢慢要轉換到以知識（或智財權）為主的經營模式，例如製造鞋子不在於不斷提昇作業人員的製造速度，而應著重於製造方法與技術研究的系統化與知識化，經營旅館不在於旅館本身，而在於創造出旅館經營管理的法則與知識，換句話說，以後創造利潤的不是製造鞋子、開旅館的人，真正靠鞋子或旅館賺錢的，本身並不實際擁有製鞋工廠或旅館硬體，也就是必須懂得把知識轉換為產品才能在新經濟時代創造利潤。

新經濟時代有幾項特色，第一、知識本身就是一種產品，並不是實體才有價值，知識創造的財富遠大於機器設備或建築硬體；第二、知識位居價值槓桿，而非數量；第三、腦力創造時間，所以人力資本占整體資本的比重將日益加重；第四、時間決定速度，速度是競爭成功關鍵要素，包括產品生命週期；第五、知識無疆界，流通零阻力；第六、企業經營不單強調投入多少成本，而更強調投入多少知識。

[何謂 知識經濟／新經濟]

建立在知識與資訊的生產、分配和使用上的經濟。（OECD，1996）

知識經濟泛指以知識（Knowledge）為基礎的新經濟（New Economy）。

——高希均教授

The new economy is an economy that's fueled By technology, driven by entrepreneurship and innovations.

——Bill Clinton

[何謂 知識產業]

所謂知識產業，係指以創新價值的「智慧財產」或「經營知識」為競爭力、「運用科技」營運的產業。

一般常常論及的知識產業，當然脫離不了高科技產業、資訊技術產業（例如多媒體技術、資料儲存與處理技術與傳輸技術等）、生命技術產業及新材料技術產業（例如塑膠替代玻璃之運用等）。除了這些產業外，以往便以知識為基礎的顧問業、休閒產業等，當然也屬於知識產業的範圍。

那麼傳統產業是不是就不能稱為知識產業？其實，這是錯誤的迷思，理論上是沒有所謂傳統產業的，從過去的例子中，我們都很容易發現到例如海爾這類型家電製造廠商一一倒閉，但是海爾卻益形茁壯，這是一種掌握與運用知識創造企業價值的典型案例，諸如此類的例子比比皆是，從管理角度來看，只有傳統管理的公司，而沒有傳統的產業，不思由管理過程累積經營知識以創造新經濟財富，才是傳統公司，

換句話說，這是一種個別的行為，而非普遍的現象。

　　而且，我們必須清楚了解，異業仍有很多可學習的地方，學習典範、累積經營知識，並不一定非得在同業中找尋，畢竟競爭者已經做了，你再跟著做也不會有勝出的機會。例如，為了縮短移動電話的供貨時間，Motorola 公司不僅向其日本競爭者學習，而且向具有世界級供貨水準的 Domino's 披薩連鎖店和聯邦快遞公司學習。通過深入觀察 30 分鐘披薩送貨和當日郵件快遞業務，Motorola 公司制定出新的移動電話送貨標準。

　　比爾‧蓋茲在其著作《未來時速》一書中寫道：將您的公司和您的競爭對手區別開來的最有意義的方法，使您的公司領先於眾多公司的最好方法，就是利用資訊來做最好的工作。您怎樣收集、管理和使用資訊將決定您的輸贏。比競爭對手做得更好，總是要廣泛學習、多一點創意，多一點知識累積，並充分運用這些累積的知識，而這就是學習循環的重點，也是企業競爭的關鍵。

　　企業運作基本上應該融入上述這些概念，考慮滿足顧客現狀與未來需求的產品與流程，也思考如何整合企業資源，將有限資源充分發揮在建構核心競爭力上，如此才能建立企業獨特之競爭利基，新世代的管理技術亦應符合這些思考原則，進行整合化之架構重整，如此才能讓一項工具花揮極致之績效。

看完下一篇文章，請您靜下來思考兩個問題：

1.目前我們公司是屬於製造型企業還是服務型企業？

2.上述答案對我們有何啟示？

製造型企業與服務型企業

　　只要失業率一攀升，大家便非常緊張，其實這種發展的**趨勢**，乃是極為自然的，未來如果失業率再創新高，也不是什麼值得大加宣揚的事，因為促使企業發展的典範，已經慢慢由工業經濟轉換為智識經濟，原來致力於製造的企業，近兩年來不支倒地者眾，輕者紛紛外移，重者倒閉關門，從全球各國的經濟發展模式來看，這也是很正常的現象，美國、歐洲國家都曾發生過類似的現象，日本製造業當年外移的情形比較不嚴重，但這或許反而是影響到近幾年日本經濟發展遲滯的因素之一吧！

　　一般預估未來五年間將是企業轉型的重要契機，一個製造型的企業如果不能在這五年間轉型成為服務型的企業，則五年後的經營將面臨極為艱鉅的命運，除非這些企業仍舊選擇逐邊疆而製造的方式，否則難逃倒閉的命運，問題是五年後邊疆國家還有剩多少？

　　什麼是製造型企業？什麼是服務型企業？它不是用工商登記的行業別來區分，而應該是以其經營的行為本質來區分；舉個例來說，7-Eleven 如果與一般雜貨店賣商品一樣，賣一件東西賺一點點錢，則是典型的製造型的企業，但7-Eleven 不以賣東西為主要收入，它靠賣商店內的貨物架空

間賺錢、靠通路賺錢，這是服務型企業，它雖然仍存在著製造型企業的行為（賣東西），但服務型企業的行為支持著製造型企業行為的價值，所以它賣一件東西的平均利潤高於純製造型企業（雜貨店）的利潤；相同的，賣漢堡是製造型企業的行為，但是麥當勞經營房地產的模式則是一種服務型企業，如果只是賣漢堡，是賺辛苦錢，但是透過賣漢堡的過程，歸納出一套科學合理的製造程序、店面擺設規則以及累積選擇開店地點的知識，則可以將開店賣漢堡這種辛苦的事交給加盟者，自己輕輕鬆鬆靠這種透過製造過程累積出來的經營知識賺錢，這種錢才能快速而不會陷入價格競爭。這就是服務型企業賺錢的模式，靠知識賺錢，而不是靠一個一個商品慢慢銷售的收入來累積財富。

製造型的企業主要競爭的手段在於價格，所以製造型企業的利潤愈來愈低乃是必然趨勢，換句話說，為了求生存，凡是能夠降低成本的做法，都要列入考慮，包括管理成本、原材料成本、或者生產成本，問題是這些成本的縮減是有極限的，等到成本壓縮到一定程度時，不管供應商先倒閉或是企業先倒閉，終極命運是一樣的。

服務型的企業則不是依賴壓縮成本，而在於創造價值，成本壓縮的空間有其極限，價值的創造卻是無限的。但是任何企業不會一下子就成為服務型的企業，因為服務型企業的附加價值衍生自製造過程中累積的技術知識，並有系統的將這些知識加以組織化，進而轉化成為有價值的商品提供給顧客。

每一家製造型的企業都有機會轉型成為服務型的企業，差別只在於企業花多少時間思考、認清自己的核心能

力，並且能夠將這些核心能力轉換成為知識型的附加價值。教宗若望保祿二世（Pope John Paul II）曾說：「人類生產的關鍵因素，先是土地，然後是資本，現在已經轉移到人類所具備的知識，」，現代企業也已經從勞力、資金密集的經濟型態，轉而成為知識密集的新經濟，企業能不能生存，不能只盼望政府給一顆救命仙丹，應該自己積極著手從事轉型的工作，才是比較正確的。

24 二分之一 TPM

第二章 TPM 的概論

本章針對 TPM 的相關內容，大體從 TPM 的基本定義、TPM 的演進、實施成效等方面進行介紹。

第一節 TPM 的誕生

所謂 TPM，是 Total Productive Maintenance 的縮寫，中文翻譯成「全面生產保養」，雖然有些企業把 TPM 的 T 稱為「全員」，但從定義中的意思看來，T 以「全面」來代表似乎比較恰當，（Nakajima, 1989）認為這個 T，隱含著「總體效率（盈利能力） -- Total Effectiveness（Profitability）、「全面預防保養」-- total preventive maintenance: to improve maintainability as well as preventive maintenance 以及全面參與 -- Total Participation of all Team Members」三個意思，除此，另外還有全面系統 -- Total System & Total Process 的意思，如果從 TPM 的定義來看，「全員」也僅是其中五點之一而已，所以，「全員」應並不足以代表其真正的意思。

TPM 是由全體員工通過小組活動進行生產保養，其目的是提高生產時間以充分利用各種資源。TPM 可以說是一個將好的想法變成成功踏實的有機過程。

根據 Nakajima（1988）的描述，1969 年左右，位於日本愛知縣刈谷市的日本電裝株式會社（該公司 1961 年獲戴

明獎），為了徹底實踐豐田生產方式，乃與 JIPE（原屬日本
能率協會 JMA，1984 年自 JMA 分離出來，定名為 JIPM，
中文譯為日本工廠維護協會）全面協力展開所謂的「全員參
加的生產保養」活動（簡稱 TPM），這之後的三年，日本
電裝在 TPM 的活動成果方面，可以說有非常長足的進步，
也因此，在 1971 年榮獲 PM 優秀事業場獎（簡稱 PM 獎，
1964 年由 JIPE 設立，主要針對以美國式設備管理部門為中
心有執行成果、設備管理技術有卓越研究的企業，1971 年
開始針對實施以日本發展的全員參與的 PM 有成效的企業頒
獎，該獎項自 1994 年起改為 TPM 獎，總共分成七類）。因
此，日本電裝可以稱得上是 TPM 的 MODEL 企業，當然也
可以說是 TPM 的發祥地，而 JIPE 當時在發行的 PE 雜誌上
對於日本電裝的實施過程介紹，也使得日本產業界有一個良
好的模式來導入。

　　TPM 乃達成豐田生產方式不可或缺的手法，這兩者的
關係如圖 2-1-1 所示。豐田生產方式中，JIT（Just in time）
和人的自動化是兩個重要支柱，這裡所談的「人的自動化」
是把人當成設定好的機械一般的概念，亦即不管是由哪一個
人操作，只要依照設定的方式進行作業，都不會出問題，為
了達成這樣的理想，便必須透過愚巧法（fool proof）、目視
管理的改善方式，不斷朝一次便可操作不出錯的目標改進；
而 TPM 中，運用目視管理、愚巧法、OPL（One Point Lecture）
來改善設備與操作問題的，也是非常普遍。

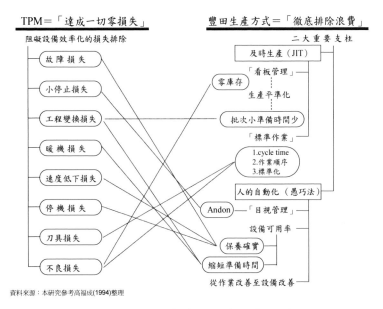

圖 2-1-1 TPM 與豐田生產方式的關係

為了要做到 JIT，不良率要趨近於零，這樣才不會要出貨時才發現良品數量不夠，更不會貨送到客戶那邊，結果發生不良品還要緊急補貨的狀況；另外為了即時供貨，設備也不能有突發故障的情形發生，因為害怕生產過程會有設備故障發生，所以必須提早生產，當訂單突然產生變化時，庫存或呆滯品就會產生。因此，如果能夠將不良率及故障率降為零，則零庫存的理想才能實現，零庫存在產品生命週期日益短縮的趨勢下，更顯出其重要性。

中嶋清一（1992）說，基本上 TPM 的產生概念是以美國的 PM（Preventive Maintenance；預防保養）為藍本發展

出來的，而 PM 的目的有四個，亦即（1）延長設備壽命；
（2）使設備在最適狀況下生產，確保投資效益；（3）隨時
保持能處理緊急事故的狀態；（4）確保安全。韓戰期間，
駐日美軍為確保軍備之高度可靠性，實施故障預防及定期檢
查、調整、潤滑、整備等保養措施。在 1954 年美國通用電
氣公司（G.E.: General Electrics Co.）為提高生產力而實施生
產保養（Productive Maintenance），由保養人員負責改良保
養（CM: Corrective Maintenance）及預防保養工作，因得不
到經營者及作業人員的支持，成效不佳。（李茂新，2001）

直至 1970 年以後才正式有 TPM 的雛型出現，根據
Nakajima(1995)的說法，TPM(Total Production Maintenance)
在 1971 年開始推廣以來，最初的定義是以生產部門為對象，
並以提昇設備效率化為主要訴求。TPM 可以說是一項經由
全員參與，在設備的生命週期中使其總合效率最大化的生產
哲學（Nakajima, 1998）。TPM 提供了公司全面性達成保養
管理的短期與長期項目。在短期方面，專注在生產部門的自
主保養、保養部門的計劃保養以及營運與保養人員的技能發
展。在長期方面，則將焦點放在新設備的設計與消除造成設
備損失時間的根源。

TPM 的特色及與美國式 PM 的不同點以下頁表 2-1-1 來
表示。

表 2-1-1 TPM 與傳統美國式 PM 的不同點

TPM 的特色	傳統美國式 PM
TPM 是以追求生產系統的總合效率之極限為目標--從設備的設計、製作、使用方法和保養方式各階段的改善來提高生產效率。	因為是以設備專家為中心的 PM，所以是從設備的設計、製作、保養方式的改善來追求設備效率的極限，但因為沒有考慮到設備的使用方法，所以重點並不在追求總合生產效率的極限。
TPM 的特色是「操作員的自主保養」（自己的設備自己照顧）--日常保養（清掃，給油，鎖緊螺絲及點檢等）的工作由操作人員負責，設備的檢查（診斷）或修理，由專業的保養人員負責。	傳統美國式的 PM，操作人員只負責生產的工作，保養人員則負責日常保養、檢查、修理等保養工作，兩者分界明顯。
TPM 是全員參加的小集團活動--與組織一體的小集團活動，從經營階層、中間階層到第一線全員參加，稱為"重複小集團活動"。	美國式的 PM，並沒有推行全員參加的小集團活動。

資料來源：新・TPM 展開プログラム─加工組立篇

第二節　TPM 的定義

　　TPM 比較明確且完整的定義，最早在 1971 年，由 JIPE（Japan Institute of Plant Engineers）針對 TPM 做的定義（Tsuchiya, 1992）（表 2-2-1）。

表 2-2-1　1971 年 TPM 的定義

主　　體	生產部門的 TPM
目　　標	以達到設備的最高效率為目標
焦　　點	建立以設備一生為對象的全面保養體制
範　　圍	設備的計劃部門、使用部門、保養部門參與的活動
參與對象	自最高經營層至第一線的員工全員參與
活動方式	有動機的管理，亦即藉由自主小集團活動來推動 PM

資料來源：　參考 Nakajima（1995），pp.47-48 整理

　　在 1971 年的 TPM 定義中，乃是以設備為中心來進行改善，焦點在設備面，活動的主體則以生產部門為主，雖然參與的對象是全員，然而這個時期的全員比較偏重在生產部門全員。以當時這樣的定義範圍，主要的實施內容分成五個，分別是：（1）設備效率化的個別改善（以管理者及技術支援者來進行 6 大損失的對策）；（2）建立以作業人員為中心的 5S（自主保養）體制；（3）建立保養部門的計畫保養

體制；（4）操作及保養技能的訓練；（5）建立設備初期管理的體制。這段時間的實施重點，完全以設備為中心來展開活動。

　　而從 1989 年的定義來看（表 2-2-2），焦點已經由設備為中心擴展到企業為中心，實施內容由五大重點擴大成八大重點，也就是目前一般企業實施 TPM 時所稱的八大支柱，這八個重點分別為：（1）設備效率化的個別改善；（2）自主保養體制的確立；（3）計劃保養體制的確立；（4）MP 設計和初期流動管理體制的確立；（5）建立品質保養體制；（6）教育訓練；（7）管理間接部門的效率化；（8）安全、衛生和環境的管理。以往的五大支柱皆以設備關係者為重點，而八大支柱則不再侷限於此，其內容甚至隱含品質、環境及安全管理（QUENSH）的概念。

表 2-2-2　1989 年 TPM 的定義

主　　　體	全公司的 TPM
目　　　標	追求生產系統效率化的極限（總合效率），以改善企業體質為目標
焦　　　點	在現場、現物架構下，以生產系統整體生命週期為對象，追求零災害、零不良零故障，並將損失防範於未然
範　　　圍	從生產部門開始，跨越開發、營業、管理部門也都進行
參與對象	自最高經營層至第一線的員工全員參與
活動方式	經由重複小集團活動來達成零損失的目標

資料來源：　參考 Nakajima（1995），pp.47-48 整理

　　但是隨著經濟環境的變化，TPM 已經有朝全公司、各種行業，甚至跨國界不斷擴大實施的趨勢，在 1989 年的定義中，可以看出這之間的演變：

　　(1)以往以改善人與設備來達成設備最高效率的目標，現在則追求生產系統的最高效率化，來達成改善企業體質的目標，強調的是投入與產出的概念，亦即最小投入與最大產出，這之中則隱含著徹底追求零損失的概念。

　　(2)在以構築成形的生產系統中，以設備全體生命週期為對象，追求零故障、防止損失發生。這是達成前項 TPM 定義的手段和方法，事實上，這不僅指已構築成形的生產系統而已，還包括構築生產系統前的設計，及構築階段的設備整體生命週期。其次，要使設備損失為零，需建立防範損失於未然的結構，並表現於生產系統中的「現場、現物」，這是 TPM 的一大特色。

　　(3)企業的問題，不單全由生產部門或設備便能解決，其他相關部門如研發設計、行銷業務、管理、採購等，應該都要扮演生產效率化、企業經營最大效益的支援角色。

　　(4)自經營者至第一線從業人員全體參與。任何活動成功的關鍵因素之一就是人員的想法改變，TPM 對於這點也是特別強調，而且從 1971 年以來的定義就一直維持不變，顯見其重要性。

　　(5)為了貫徹零損失，從早期自主性小集團的改善模式，進而演化成重複小集團的模式，亦即將改善活動整合至行政組織之中，經由這樣的組織活動，將上層的目標快速傳達至第一線，而第一線的執行狀況，也能快速掌握與修正，這對

於目標執行的貫徹性，有非常重要的影響。

　　由新的定義內容來看，TPM 無疑是走向生產系統全面改善的方向，只不過仍然是以設備為中心主體來展開，換句話說，對於設備的認識程度與操作技能層次，將與 TPM 的執行成效有極為密切的關係。

第三節　TPM 的演進

若以演進時間來看，TPM 的演變可以分成以下幾個階段（中嶋清一，1995；McCarthy, 2004）：

1950 年以前：事後保養（B.M；Break-down Maintenance）

1950 年以後：預防保養（Pv.M；Preventive Maintenance）

1960 年以後：改良保養（C.M；Corrective Maintenance）

1960 年以後：保養預防（M.P：Maintenance Prevention）

1971 年起：全面生產保養（TPM；Total Productive Maintenance）

1980 年起：預知保養（Pd.M；Predictive Maintenance）

2000 年起：全面生產管理（TPM；Total Productive Management）

2002 年起：精實生產製造（Lean Total Productive Manufacturing）

在 1950 年至 1970 年代這段期間，可以說是專門保養部門的設備管理時代，而自 1970 年之後，則進入總合的設備管理時代（中嶋清一，1995）。茲將其演進的各階段整理如圖 2-3-1 所示。

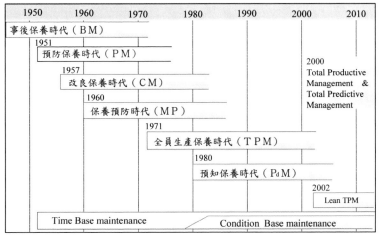

資料來源：本研究整理

圖 2-3-1 生產保養的歷史

在 1980 年之前，設備的保養多偏重在以時間為基礎（Time Base）的活動上，例如每日點檢、週保養、季保養等活動，此後，才慢慢轉向以依照設備產生的各種條件來決定保養的需求，亦即除了以設備運轉時間為基礎的定期保養之外，也加入了監視設備狀態的動作，並以異常發生的特徵（Condition Base）決定是否進行保養或保養的動作。

上述有關 TPM 的演進及其意義，分述如下：

1950 年以前：事後保養（B.M ;Break-down Maintenance）

事後保養是指當設備發生故障或性能顯著劣化，導致停止運作時才進行維修的保養方式，一般實施方式分為突發修理（或搶修）和事後修理。突發修理通常是因為無替代性設備或急著必須使用該設備生產的情況；事後修理則因有其他替代方案，而等待一段時間才進行維修。

1950 年以後：預防保養（Pv.M；Preventive Maintenance）

日本在 1951 年自美國引進設備的預防保養觀念，所謂是故障前的預防保養，是指依計畫實施點檢、調查，讓設備在故障輕微、甚至異常發生前即予以預防，包括設備的調整、清掃、修理等。通常預防保養可以分成五類：

1.日常保養：如給油、點檢、調整、清掃等。

2.巡迴點檢：保養部門進行的點檢工作（約每週或每月一次）。

3.定期整備：調整、換油、零件替換等。

4.預防保養：在巡迴點檢時發現異常的保養或修理。

5.更新修理：劣化後的回復修理。

Tsai et al.（2001）針對機械系統（Mechanical System）中某些重要且具衰退性組件（Deteriorated Components）提出一包含改善因子之週期預防保養模型。透過預防保養以改善組件之可靠度水準，並由定量評估程序（Quantitative Assessment Procedure）來估算改善因子。Tsai et al. 將預防保養分成加潤滑劑、清掃、調整或校準、鎖緊、添加消耗性原料與簡易維修等六種保養活動，而其執行機率以 pij 表示，其中，i 為組件編號，j 為保養活動之種類。系統內每個重要組件的可靠度改善水準為 dij，其值介於 0 與 1 之間，根據預防保養所執行活動之機率和組件改善之水準則可求出改善因子 mi，其關係式如下式所示。

$$m_i = \frac{1}{P_{S_t}} \sum_{j=1}^{6} p_{ij} d_{ij} \quad , \quad P_{S_t} = \sum_{j=1}^{6} p_{ij}$$

1960 年以後：改良保養（C.M；Corrective Maintenance）

初期的改良保養，焦點放在當設備出現故障時的維修，後來則偏重在將設備的缺陷恢復至規格條件或使設備容易量測劣化、調整與復原的一種保養活動。一般改良保養活動分成以信賴性為主及保養性為主兩大類型，信賴性為主的活動，強調「不發生機能降低、機能停止的設備」為目標；保養性為主的活動，則以「容易測定劣化及復原的設備」為目標。

1960 年以後：保養預防（M.P；Maintenance Prevention）

保養預防完全針對設備的作業方式進行改進，初期從設備的易保養（Easy Maintenance）著手，但終極目標則為保養預防設計（MP Design），亦即透過設備的運轉、保養來認識解決不良的方法，換句話說，將既有設備的改良點當作資料加以收集、整理，並將其回饋至設計部門，其目的在設計出真正容易操作、易於保養及提高信賴度的設備，而其終極目標則是從設計階段就將設備設計成免保養（maintenance free）。

1971 年起：全面生產保養（TPM；Total Productive Maintenance）

將以往以設備保養部門為保養唯一人選的方式，擴展為以設備相關的人員（如設備計畫、設備使用及設備管理部門的人員），另外，將以往的一些保養活動變成系統化、步驟化的方式，推展為一個改善性的活動，而不單僅停留在單點式的保養動作。而依據系統化的活動過程，主動找尋問題、解決問題，促使設備的效率化朝向極限發展。

1980 年起：預知保養（Pd.M；Predictive Maintenance）

依據高橋義一（1985）的描述，預知保養是一種以設備的劣化狀態為基準，來決定保養的時間點的預防保養的方法，以前並非沒有預知保養的模式，早在 1950 年代的預防保養中，就有預知保養的作法，不過由於相關設備價格高昂，因此在企業應用得並不普遍，隨著科技化的程度愈來愈成熟，相關電子產品的價格也不再高不可攀，因此，一些診斷儀器可以慢慢導入企業中，針對某些特殊的點（如壓力、熱力、裂痕、震動等）進行偵測或記錄其趨勢，讓保養人員可以依據數據來進行判斷，不再像以前完全必須靠經驗或等故障停機後才能採取措施，這樣就可以避免產生「過度保養（over maintenance）」的情形發生，對於設備的稼動率提升有非常正面的助益。

2000 年起：全面生產管理（TPM；Total Productive Management）

早期的保養皆側重於生產單位，但隨著時代的變遷，支援部門如何扮演服務生產部門的角色，讓客戶滿意以達成企業經營效益最大化，成為企業面臨到的挑戰。因而原來點的改善，慢慢轉換成面的活動方式，除了追求設備效率化，也要經由這些活動的過程，培養出抵抗嚴酷企業經營環境的人才。

TPM 從初期的「生產部門的 TPM」到目前「全公司的 TPM」的全新展開，從以往強調 5 支柱到目前 8 支柱，從 6 大損失至 16 大損失的改善，甚至目前有所謂 21 大損失改善，這些都是在活動領域上擴大的表現。在經濟趨向零成長的時代裡，TPM 該如何對應，其任務備受關注。前些年美

國風行的 Re-engineering，在 TPM 也是保有其精神，尤其在
CE（Conclusion Engineering；同步工程）、新製品、新設備
的初期管理體制方面，可以說徹底發揮這種精髓。

2002 年起：精實生產製造（Lean TPM）

McCarthy（2004）提到，由於企業面臨到的已經是一種
全球化的競爭，不再只是國家別或區域別的限制，因此，企
業本身若沒有朝向世界級的水準邁進，將會快速面臨被淘汰
的命運。因此，有些學者開始研究將精實思維（Womack and
Jones, 1996）與全面生產製造融合為 Lean TPM，將其重點
擺在充分利用完成工作的智慧能力、運用這些能力製造更好
更便宜的產品，並達成世界級製造標準（圖 2-3-2），以便
從競爭者中區隔出來。

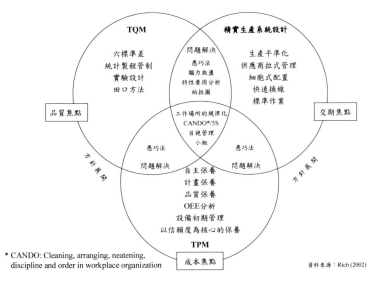

* CANDO: Cleaning, arranging, neatening,
discipline and order in workplace organization

資料來源：Rich (2002)

圖 2-3-2 世界級製造技術

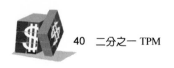

如同傳統 TPM 以 OEE（Overall Equipment Effectiveness；設備總合效率）為改善的主要衡量重點（Nakajima, 1988），在 Lean TPM 則增加一些衡量指標（圖2-3-3）。

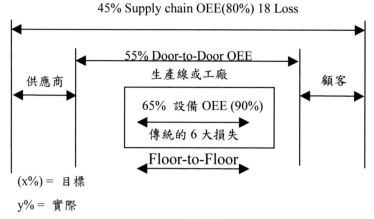

45% Supply chain OEE(80%) 18 Loss

55% Door-to-Door OEE

供應商　　　生產線或工廠　　　顧客

65% 設備 OEE (90%)

傳統的 6 大損失

Floor-to-Floor

(x%) = 目標

y% = 實際

資料來源：Dennis McCarthy(2004)

圖 2-3-3 Lean TPM 的衡量

第四節　兩個易混淆的「TPM」

近幾年，有些團體將 TPM 中的 Maintenance 改成 Management，中文則翻譯為「全面生產管理」；因此同樣是「TPM」三個字，常常會與另一個名詞混用，就是 1982 年由日本能率協會（Japan Management Association）基於因應經營競爭環境變化激烈所開發的一套管理制度，稱為 Total Productivity Management（TPMgt），中文一般翻譯為「全面生產力管理」，或簡寫為「TP 管理」，「TP 管理」的「Total」是指策略性的投入企業擁有的所有經營資源，整合所有活動方向；「Productivity」則是追求符合真正時代要求的"新生產力"，將實現顧客滿意的產品競爭力提高到超一流水準為最大目標，「Management」則為展開策略性的目標設定，融合 TOP DOWN 及 BOTTOM UP，建構充滿活力的實行體制 PDCA，確立活用企業各自特色的創造性管理。

TP 管理在日本已經有超過 500 家以上企業導入（王基村，2003），在歐美或亞洲如中國、香港、韓國、台灣等地，也都有企業導入這套制度。不過，在台灣一般企業，對 TP 管理似乎沒有 TPM 那麼熟悉，導入的 TP 管理的企業，也是以日系企業居多，在表 2-4-1 中，將 TPM 與 TP 管理作一個比較。

表 2-4-1 TPM 與 TPMgt*的比較

	TPM	TPMgt
目的	企業體質的改善，提高業績，建立良好的工作場所	
管理對象	設備面著手 輸入側、原因	目標面著手 過程面、未來
達到目的的方法	實現現場現物的應有形態 硬體指向	目標的系統化 整體指向
人材培育	固有技術中心 設備技術、保養技能	全面化的培育 研究發展型的管理技術
小集團活動	公司正式職務別活動 與小集團活動的一體化	依組織目標來編組
入門手法	5S	視問題類型而改變
中心型態	下情上達 5S 行動中心型	目標：Top down 方案：Bottom up
目標	徹底排除損失、浪費 挑戰零缺點的水準	企業夢想的實現

*為了與 TPM（Total Productive Maintenance）區分，Total Productivity Management 以 TPMgt 來表示

資料來源：本書整理

第五節　TPM 中有關保養的概念

　　TPM 與其他管理方法不同的地方，在於它是由設備面著手，因此，主要焦點還是放在設備的保養面上，而在 TPM 中所談的保養，主要就是設備保養（maintenance）中的自主保養與計畫保養兩大項。

　　Kececioglu（1995）將保養定義為使無失效之單元（Non-Failed Units）維持在可靠且安全滿意之運轉狀態，假使單元發生失效，則將其恢復至可靠且安全滿意之運轉狀態。英國 BS3811 為例，保養是運用任何的行動，以維持或回復一個項目，使其可以發揮需求機能的狀態。（BS3811: 1964 defines maintenance as a combination of any actions carried out to retain an item in, or restore it to, an acceptable condition.）；日本 JIS Z8115 對保養之定義則為運用全部必須的處置與機能，去維持一個項目在可用及運轉之條件，或者去除故障、失效、使之恢復。而這邊所謂的故障，是「對象（系統、機器、零件等）喪失其規定的機能。」，而所謂的機能，則是指對象在設計規格下所應達到的最高效率值。

　　因此，保養可以簡單地說是「使設備維持在可用狀態或恢復故障缺陷之活動」，粗略地區分，設備的保養可分為兩種主要類型：（1）預防保養（Preventive Maintenance；PM）：視生產設備之運轉狀況，為使其維持在特定的狀況而做有計劃之保養工作。（2）改良保養（Corrective Maintenance；CM）：當生產設備的單一系統或部分功能發生失效狀況，

甚至全工廠當機時，為使設備復原至特定狀況才採取之保養
行動。

　　保養（Maintenance）之概念可溯 1959 年 Edwin Scott
Roscoe 在 Organization for production：an introduction to
industrial management 中將保養定義為維持工廠有效運作之
一種功能；Struan A. Robertson（1961）則主張工廠保養乃維
修人員之一種特殊職能，旨在使工廠能於最大效率之下運
作，並消除因機器發生故障而影響工廠生產日程及人員、材
料、機器閒置等所出現之浪費。至今，保養之技術已不斷在
更新進步中，但其基本之精神仍然不離上述範疇。因此可將
保養詮釋為「以有效的制度與方法，使工廠內一切生產與運
轉之設備能經常保持安全性與高可用度（availability）之狀
態，不到因設備發生故障或災害而影響生產日程計畫、人
員、材料而造成閒置、延誤、減產等損失。」

　　而在工廠中的保養，主要分成自主保養（autonomous
maintenance）及計畫保養（Planned maintenance）兩大類，
靠操作人員完成的保養動作，稱之為自主保養，根據
Nakajima （1989） 的定義，就是劣化的預防（deterioration
prevention），而 McKone et al.（1999）則從達成 TPM 的
目標著眼，把自主保養定義為：（1）是一種生產與保養的
小組形式；（2）透過生產與保養人員參與改善，使設備更
加完善；（3）由保養人員針對一般設備問題，引導與指導
生產人員進行保養，及（4）作業人員的參與。計畫保養則
是透過有規律性、週期性的方式強化進行設備改善，其目標
在消除失效或缺陷（Tsuchiya, 1992）。

在實踐自主保養時，有四大要素非常關鍵，第一個要素，基礎管理（housekeeping）方面，在日常保養任務的責任分擔上生產人員與保養人員能夠改善設備的基本問題，透過自主保養，操作人員學習如何擔負日常保養任務，這就是現場的基礎管理，包括清潔與檢查、潤滑、精度的確認以及少量的保養工作，而這些工作能融合到 5S 活動中，所謂 5S 即整理（seiri）、整頓（seiton）、清掃（seiso）、清潔（seiketsu）與習慣（shitsuke），當這些工作慢慢轉移到操作人員身上時，保養人員就能把焦點放在發展與落實其他主動式的保養計劃（Nakajima, 1988, p.73; Suzuki, 1992, p.95; Tajiri and Gotoh, 1992, p.20, p.55），而操作人員則扮演保養人員的前端感應器的角色，也就是操作設備的狀態立即性反應。

不過一般企業把 5S 看得太過簡化，執行時往往僅止於前兩個 S，因此，對於「5S 是一切管理的基礎」似乎無法顯現其真義，換句話說，5S 的功能應該是在於為不同管理架構或管理活動建構一個發展的平台；從 TPM 的觀點，5S 是提供一個生產人員熟悉其操作設備的平台，它的重點不在於整齊、乾淨，而在於從執行的過程中，慢慢瞭解設備的基礎結構、功能以及問題點的發生位置，進而培養其問題對策的思考能力。從認識設備著手，到養成其對異常現象的敏感度，應該是 5S 在 TPM 方面的主要功能。

第二個要素是團隊（team），指出透過生產人員與保養人員的小集團運作，有助於穩定設備條件與防止設備惡化（Nakajima, 1988, p.59; Suzuki, 1992, p.88）：第三個要素是跨機能訓練（cross-training），TPM 是被設計去幫助操作人

員學習更多有關他們使用的設備的功能以及一般問題如何
能被發現，以及這些問題如何透過及早的偵測或不正常條件
的處置來預防，這些交叉訓練允許操作人員去保養設備、以
及辨別和分解許多基本的設備問題（Nakajima, 1988, p.73, 90;
Suzuki, 1992, pp.119-123; Tajiri and Gotoh, 1992, pp.25,
53）。第四個要素是操作人員的參與（operator involvement），
TPM program 促進操作人員與保養、工程人員在改善整體績
效與設備的信賴度上，成為活動的夥伴（Tajiri and Gotoh,
1992, pp. 20, 53），在達成自主保養的目標上，很清楚的，
必須包含生產與保養人員的兩個 team，設備條件的日常保養
活動，改善操作技能的交叉訓練以及保養交付過程中操作部
門人員的參與。

計劃保養典型的則是靠高技能的技師參與，假如有更多
的任務轉移給操作人員進行自主保養，則保養部門能採取比
較主動式的保養，也可以發展保養工作的訓練計劃
（Disciplined planning）例如設備的維修/復原以及針對設備
設計的弱點進行對策（Nakajima, 1988, p. 87; Suzuki, 1992, p.
160）。

一般而言，較強的保養部門擁有好的訊息追蹤
（Information tracking）系統能記錄過程的資料，以傳遞給
作業人員，以界定設備的劣化趨勢或問題（Suzuki, 1992, p.
172），在這方面，最常進行的方式是以設備總合效率（Overall
Equipment Effectiveness; OEE）的資料統計與分析來協助，
TPM 主要是以減少浪費為主要目標，這之中包括了標準操
作條件下的設備復原與保養，OEE 則扮演衡量設備相關訊息

的關鍵角色，透過這些資料，可以讓作業人員與保養人員知道該如何採取相對應的措施。

　　而保養技術人員有責任在面對生產需求的狀況下依照時間表完成保養的工作，遵守保養日程（Schedule compliance）在計劃保養系統是一項重要的健康指標（Nakajima, 1988, p.87）。

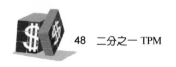

第六節　TPM 的實施成效

　　學者 Tunälv（1992）在實證研究中發現，製造策略著重於產品與製程相關的計畫（例如 JIT、品質管理及設備保養活動）的事業單位，其財務績效較佳，且研究顯示企業實行 TQM、JIT 及 TPM 與製造績效及財務績效有顯著關係。McKone 等人（2001）在研究 TPM 的實行及影響的時候，其研究結果發現 TPM 與低成本、高品質以及優越的交貨績效有正向且顯著的直接關係，而透過 JIT 的執行也會有間接的關係。Huang（1991）的研究則探討使用 EI（Employee Involvement, 員工參與計劃），將 JIT、TPM、品質管理及工廠自動化做整合的重要性。此外，Imai（1998）也認為 TQM 及 TPM 是支援 JIT 生產系統的兩大支柱。張致誠（2002）在七篇有關於 TPM 的研究（Nakajima, 1988; Takahashi and Osada, 1990; Tsuchiya, 1992; Steinbacher and Steinbacher, 1993; Maier et al., 1998; McKone et al., 1999; McKone and Weiss, 1999）中，歸納出了六種最常被引述為 TPM 要素的作法，分別是：自主保養、計劃保養、設備技術的重視、高階的支持與投入、團隊及教育訓練。為維持設備的效能，作業員每日的保養是很重要的。透過仔細的計劃保養以及設備的改良及發展，非預期的故障是可以預防的。要實施像這樣的保養工作，便需要採行跨機能的訓練以改善作業員的技能。此外，從管理階層到現場的員工們全員的參與，投入更多的時間及資源去改善設備的績效也是很重要的。

　　一般而言，對於保養工作的重視反映於工廠是否重視技術的取得及改善（Cua et al., 2001）。學者 Flynn（1995）認為公司僅以品質改善的技法來維續其競爭優勢是不夠的，公司必須採行 TPM 以改善設備績效，進而提升 TQM 之品質改善績效，才能有效維持公司之競爭地位。張致誠（2002）則認為企業要強化其 TPM 的基礎技術，需將焦點擺在：（1）技術的重視；（2）自主保養與計畫保養，而且 TPM 對於 TQM、JIT 有顯著正向直接影響關係，亦即表示 TQM 想要追求減少變異、消除不良的目標，TPM 是不可或缺的，而 JIT 要縮短整備時間的目標，若無完善保養的設備，勢必難以達成。因此，也可以透過企業實施 JIT 的狀態，來瞭解其導入 TPM 的執行狀況。

　　除了上述在非量化的研究外，通常 TPM 在實施過程，也會採用量化的指標，常用的指標項目如表 2-6-1 所示。在 TPM 實施的量化績效方面，雖然不同企業之間在實施成效有所差異，但 Koelsch（1993）研究結果發現 TPM 的實行至少有五點成效：（1）減少 70%生產損失；（2）增加 50%勞動生產力;（3）減少50%~90%整備時間;（4）增加25%~40%產能；（5）減少 60%每單位預防保養成本。

表 2-6-1　TPM 常用的主要指標項目

指標類型	指標名稱
Productivity	設備總合效率、勞動生產性、附加價值生產性、生產能力、前置時間（L/T）、故障件數、短暫停機次數、故障時間
Quality	加工不良率、顧客抱怨、FPY
Cost	製造成本、報廢率、損益平衡點下降、增加利益、庫存金額、毛利率、無人化率
Delivery	開發生產前置時間、交期準時率、開發時間
Safety	災害件數、驚嚇件數
Morale	提案件數、OPL 件數、小集團參與率、QIT 數量

資料來源：本書整理

若歸納日本 1996 年 TPM 優秀獎 102 家得獎廠商主要成果，基本上呈現如表 2-6-2 的情形：

表 2-6-2　1996 年 TPM 優秀獎得獎廠商 TPM 實施成果

指標名稱	數值	指標名稱	數值
設備總合效率	85%~90%（1.3~1.9 倍）	勞動生產性	1.3~2.3 倍
附加價值生產性	1.2~1.9 倍	生產能力	1.3~1.8 倍
故障件數	降至 1/4~1/235（0 或 2）	加工不良率	降至 1/2~1/10
短暫停機次數	降至 1/5~1/15	顧客抱怨	降至 1/6~1/17
製造成本	10~50%	報廢率	降至 1/2
損益平衡點下降	20~30%	前置時間（L/T）	降至 1/2~1/3
增加利益	40 億日元（2 倍）	災害	0
庫存金額	降至 1/2	故障時間	降至 1/46
開發生產前置時間	降至 1/3	毛利率	提昇 62%
生產廢棄物處理費	1/2	無人化率	21%

至於在台灣的實施成效，透過各公司在 TPM 優秀獎的發表資料整理，分別敘述如下，雖然有部分 TPM 優秀獎的公司，至今已陸續取得 TPM 繼續獎或 TPM 特別獎，但為了統一比較起見，在此僅針對取得 TPM 優秀獎當時的資料進行整理。

(1)中華映管：

中華映管公司成立於西元 1971 年，致力於台灣視訊產品關鍵零組件映像管的研究開發與生產，目前在全球有九座生產基地，為全世界最重要的顯示器映像管製造廠之一，也是產品線最完整的光電專業製造廠。1991 年正式全面推動 TPM 活動，1993 年取得 TPM 優秀獎，1999 年取得 TPM 繼續獎，為台灣第一家獲得此獎項之企業。

雖然中華映管並非最先導入 TPM 企業（例如台灣山葉機車 1990 年在生產部門導入），但是在當時 TPM 資訊並不普遍的狀況下，在設備總合效率方面，提升 23.86%，故障件數降低為原來的 1/4，生產性方面提升了 27.65%，品質不良損失則減少 36%，成果相當卓著（表 2-6-3）。

表 2-6-3　中華映管之 TPM 實施成果（1993 年）

指標名稱	實施前的數值	TPM 優秀獎得獎時的數值
設備總合效率	56.98%	80.84%
利益向上率	指數=1	3.51
故障件數	220 件	55 件
生產性	170 pc/人.月	217 pc/人.月
成本低減率	指數=1	0.7
品質不良損失	指數=1	0.64
再生不良率	7.8	3.7%
玻璃報廢率	1.3%	0.75%
提案件數	0	2 件/人.月

資料來源：參考中華映管 TPM 優秀獎（1993）發表資料整理

(2)台灣山葉機車：

　　台灣山葉機車公司成立於西元 1987 年，從事機車研發、專業製造與販賣。1990 年在生產部門導入 TPM，1992年正式宣示挑戰 TPM 優秀獎，並全面導入 TPM 活動，1995年獲得 TPM 優秀獎，1997 年獲得國家品質獎，1999 年取得 TPM 繼續獎，是台灣第二家取得 TPM 獎項也是台灣第一家取得 TPM 獎及國家品質獎的企業。

　　設備總合效率方面，提升 18.9%，故障件數降低為原來的近 1/4，生產性方面提升了 60.65%，品質不良發生率則降低 71%，市場抱怨金額也大幅減少（表 2-6-4）。

表 2-6-4　台灣山葉機車之 TPM 實施成果（1995 年）

指標名稱	實施前的數值*	TPM 優秀獎得獎時的數值
設備總合效率	65.6%	84.5%
故障件數	639 件	167 件
勞動生產性	指數=1	1.57
不良發生率	指數=1	0.29
市場抱怨金額	指數=1	0.50
OPL 件數	541	5660
提案件數	1.2 件/人.月	3.9 件/人.月

資料來源：參考台灣山葉機車 TPM 實施況書（1995）整理

*實施前的數值是以 1993 年全面導入時為基礎值

(3)台中三洋電子：

台中三洋電子成立於西元 1976 年，主要從事半導體產品之加工製造（如 IC 積體電路、小功率、大功率電晶體）以及相關設備之設計與銷售，1995 年 12 月正式導入 TPM 活動，1998 年獲得 TPM 優秀獎，2001 年取得 TPM 繼續獎。

設備總合效率方面，提升 31%，故障件數降低為原來的近 1/260，生產性方面提升了 13%，品質不良發生率則降低 56.2%，尤其在改善成果的金額方面，高達 6.12 億元，算是蠻特別的案例（表 2-6-5）。

表 2-6-5 台中三洋電子之 TPM 實施成果（1998 年）

指標名稱	實施前的數值	TPM 優秀獎得獎時的數值
設備總合效率	55%	86%
改善成果金額	----	6.12 億元（累計）
故障件數	779 件	3 件
生產額	16.8 千元/人.日	19.0 千元/人.日
成本低減率	指數=1	2.1%
組立不良	3.1%	1.36%
短暫停機件數	1411 件/月	255 件/月
客戶抱怨件數	25 件（半年）	9 件
在製品庫存日數	9.6 日	6.3 日
一人多機台（WB）	7 台/人	12 台/人
提案件數	1 件/人.月	6.5 件/人.月

資料來源：參考蔡炳程（2000） p.71 整理

(4)士林電機新豐廠：

士林電機新豐廠成立於西元 1955 年，主要從事電磁開關、電容、配電盤、汽機車電裝品及各式直流馬達之設計、製造，1996 年正式導入 TPM 活動，1999 年獲得 TPM 優秀獎。

設備總合效率方面，提升 18.8%，故障件數降低為原來的近 1/86，生產性方面提升了 107%，成品不良率則降低 92.3%，這兩項成果都是蠻優秀的（表 2-6-6）。

表 2-6-6　士林電機新豐廠之 TPM 實施成果（2001 年）*

指標名稱	實施前的數值	TPM 優秀獎得獎後兩年的數值
設備總合效率	70.2%	89%
勞動生產性	13 台/hr.人	27 台/hr.人
故障件數	86 件/月	1 件/月
每人產能	271 萬元/人.年	285 萬元/人.年
成本低減率	指數=1	20.1%
成品不良率	1.3%	0.1%
短暫停機件數	45344 次/月	5160 次/月
人總和效率	71.2%	93%
零故障台數	0	242 台
零不良台數	0	145 台
損益平衡點下降	指數=1	19%
提案件數	0.15 件/人.月	4 件/人.月
換模時間	30 分/次	5 分/次

資料來源：參考蔡炳程（2000）　p.77 整理

*士林電機新豐廠為 1999 年獲得 TPM 優秀獎

(5)光陽工業：

光陽工業設立於西元 1963 年，主要從事二輪摩托車整車及零件的研發、製造、販賣、服務等一系列業務，1997年獲得國家品質獎，2000 年正式導入 TPM 活動，2002 年獲得 TPM 優秀獎，至目前在全球包含技術合作的，共有 11 個

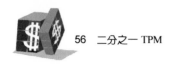

生產基地。

設備總合效率方面，提升 10.9%，故障件數降低為原來的近 1/16，市場抱怨件數減少了 55%，製程不良則降低 54%（表 2-6-7）。

表 2-6-7　光陽工業之 TPM 實施成果（2002 年）

指標名稱	實施前的數值	TPM 實施後兩年的數值
設備總合效率	75.2%	86.0%
突發故障	240 件/月	15 件/月
國內市場抱怨件數	指標=100	指標=45
製程不良	指標=100	指標=46

資料來源：參考光陽工業股份有限公司 2002 年
TPM 實施概況書（2002）整理

(6)台灣愛普生工業：

台灣愛普生工業（EIT）成立於 1980 年，隸屬於跨國企業日本精工愛普生集團的成員之一，目前主要是以生產液晶顯示器面板，應用範圍涵蓋行動電話、計算機、音響、電子字典、PDA 及筆記型電腦等廣泛用途，是 EPSON PANEL 亞洲主要生產據點。1997 年導入 TPM 活動，2000 年取得 TPM 優秀獎，2002 年取得 TPM 繼續獎，其成果為設備總合效率 85%，故障件數降低為 1/25，短暫停機次數降低為 1/26，產能提高 30%，不良率降低 1/3。

(7)名佳利金屬：

設立於 1978 年，主要從事綜合銅合金材料製造，產品可供電子、資訊、通訊、民生等工業應用。2000 年取得 TPM 優秀獎第二類，其成效為生產量提高至原來的 1.9 倍，設備總合效率提高至 1.7 倍，成本降低 22%，並且從 TPM 活動所獲得的 know-how 可運用在新工廠。

(8)統益工業：

成立於 1974 年，原為一樹脂成型之專業生產工廠，除生產車輛類塑膠成型製品外，2001 年轉型生產背光模具、TFT-LCD TV 塑膠外觀製品，並更名為統益科技。1997 年導入 TPM 活動，2000 年取得 TPM 優秀獎第二類，成果為生產力提高 21%，不良率降低 60%，開發時間縮短 20%，損失金額減少 20%。

(9)台灣艾艾西：

成立於 1981 年，原屬於日本山葉發動機集團的海外公司，2001 年株式會社 MORIC 入股，更名為台灣萌力克股份有限公司，以製造摩托車用發電機為主，主要產品以機車用控制器、電子點火裝置、起動馬達、印刷電路板組立、產業用機器人等。1997 年導入 TPM 活動，2000 年取得 TPM 優秀獎第二類，主要成效為直接能率提升 30%，設備總合效率提升 38%，故障件數降低為 1/7。

(10)寶馨實業：

寶馨實業成立於 1974 年，主要從事鋁合金配件、機車專用輪圈製造。1996 年導入 TPM 活動，2000 年取得 TPM 優秀獎第二類，2004 年取得 TPM 繼續獎第二類，具體成果包括

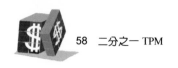

了不良降低為 1/10，生產性提升 35%，開發時間縮短 40%。

　　綜合上述 TPM 優秀獎得獎企業的成效，大致歸納幾項主要指標如表 2-6-8，由於各個企業產品型態的不同，因此，改善著重的焦點也會有差異，甚至在同樣指標名稱中，定義也有所差異，因此，表中的資料僅能作為概念性質的參考。

表 2-6-8　台灣 TPM 優秀獎得獎廠商 TPM 實施成果

指標名稱	數值	指標名稱	數值
設備總合效率	81%~86% （1.2~1.6 倍）	勞動生產性	1.5~1.84 倍
故障件數	降至 1/8~1/260	生產能力	1.05~2.07 倍
短暫停機次數	降至 1/5~1/10	加工不良率	降至 1/5~1/33
下降損益平衡點	19%*	顧客抱怨	降至 1/3*
增加利益	6.12 億元（台幣）*	災害	0
開發時間短縮	20%~40%		

資料來源：參考各公司 TPM 優秀獎實施概況書整理

*該數據僅統計單一家企業

　　另外李茂欣（2001）針對台灣廠商實施 TPM 的問卷中，將其中 16 家廠商的資料作一個整理（表 2-6-9），這其中台資企業佔 10 家，日資企業佔 5 家，台資佔大部份少數日資股份的企業有一家。整體看來，成效都算不錯。

表 2-6-9　台灣廠商實施 TPM 主要績效統計表*

廠商別	生產力	OEE	不良	故障件數	客訴次數	提案件數
1	120	122.0	26.5	85.0	17.0	130
2	131	127.5	25.0	33.0	--	715
3	130	115.0	28.6	7.4	6.7	428
4	157	162.0	20.0	0.0	0.0	273
5	120	110.0	16.0	50.0	60.0	150
6	130	146.0	20.0	6.0	--	300
7	110	105.0	18.0	83.0	90.0	135
8	99	105.0	23.3	43.0	--	--
9	210	187.0	50.0	55.0	--	700
10	160	150.0	20.0	10.0	25.0	400
11	210	170.0	30.0	20.0	--	--
12	130	113.7	25.9	6.3	12.0	--
13	108	104.0	15.0	90.0	97.0	100
14	112	117.5	28.3	5.6	--	200
15	130	185.0	33.3	4.5	20.0	195
16	214	133.0	4.0	16.0	--	400
平均	141.94	134.54	23.99	32.18	36.4	317.4

資料來源：參考李茂欣（2001）　p.73 & p.93 整理

*該數據以 1996 年為基準 100，實施至 2001 年之相對成果

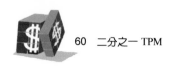

第七節　其他製造策略對 TPM 的影響

許多企業都有延續 TQM 與 TPM 的實施經驗，最主要是這兩個製造策略之間具有很多類似的作法，例如，重視團隊運作（小集團活動、提案改善活動等）、跨機能訓練以及過程的資訊追蹤，因此，一個系統的實踐，將有助於兩方面的系統共用。從前面資料得知，TQM 與 TPM 的追求目標並無二致，只是一個是從軟體面著手，後者則是從硬體面著手，一個是追求品質的提升，另一個則是以零故障、高效率著眼，不過，品質的提升與產品的設計品質、原物料品質、製造過程品質控管有很大關係，而製造過程控管中，穩定的設備乃是一大關鍵點，在某些時候，改善產品的品質難免要從設備的改善，包括設備的穩定度、設備的效率著手，因此，TQM 的實施對於 TPM 的實踐水準有一定程度的影響。

而 TQM 與 JIT 對基礎管理也有顯著影響，基本上，基礎管理一般最常運用的乃是 5S，而 5S 是一切管理的基礎，這方面如果可以做好，對於實踐 TQM、JIT 有一定程度的幫助，這是可以理解的。

另外，EI（員工參與）對於操作者參與以及計畫保養中的嚴格規範、訊息追蹤也有顯著影響。如同美國加州大學教授 R. Tannenbaum 和 W. H. Schmidt 提出的 continunm of leadership behaviour，主管的領導行為可以分成告知（tell）、推銷（sell）、提出（present）、建議（suggest）、諮詢（consult）、要求（ask）及分享（participate）七個模式。當一個企業的管

理風格比較趨近於中央集權，則員工多數時間是處在被告知的狀態，對於主動提出想法或改善意見的行為便會被抹滅，而 TPM 有許多活動都需要員工的主動參與，包括自主保養及計畫保養活動中的一些保養活動，另外對於資訊呈現狀態的監控，也都需要員工的參與，而從文獻研究的分析來看，EI 確實對於自主保養與計畫保養中的某些活動有顯著影響。

 看到這裡，請您靜下來思考四個問題：

1.我們公司曾經導入過哪些活動？

2.曾經導入過的活動其成效如何？維持到目前為止，哪些是好的，哪些沒有成效？原因何在？

3.如果公司曾經導入 TPM，效果是否如本章內容所提的幾家公司一般？

4.如果尚未導入 TPM，可曾想過是否該導入 TPM？

第二部份　實踐篇

第二部份的內容主要說明 TPM 導入的步驟，原則上這些步驟每個企業大致相類似，順序稍微有所變動也不至於影響 TPM 導入的成敗，如果不是那麼有把握，建議照著順序導入會妥當些。

我們說 TPM 的成功導入必須有形有體，導入的步驟應該算是形，但有形無體，則一切總是空虛的，因此，是否落實各步驟中的實際執行內容，才是 TPM 是否對企業產生實質效益的關鍵。在本書中，我們也對實踐過程中六個主要的工具進行詳細說明，相信這些內容對企業導入過程有實質的助益。

第三章　TPM 的展開步驟

　　一般企業在導入 TPM 時，大都依循 JIPM（Japan Institute of Plant Maintenance：日本工廠維護協會）的 12 步驟進行，不過依據實際推動的心得，如果分成 13 個步驟更恰當些，這 13 個步驟的先後順序如圖 3-1-1。

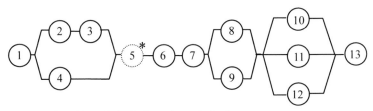

*視企業規模、需求決定，非必要選項

資料來源：本研究整理

圖 3-1-1 TPM 的推動

　　以下簡單說明這 13 個導入步驟重點內容：

Step1. 經營層的決定導入

　　這一個步驟是進行內外部環境分析，對企業所處環境進行更深刻的瞭解，並依分析結果，作為未來 TPM 進行時的重點方向指引。分析時，與企業進行策略規劃時的環境分析是一樣的，內部環境分析可以從功能別的角度來思考，外部

分析則可採用 PEST（Political，政治； Economic，經濟； Social，社會；Technological，技術）四個項目進行分析，從這些內容找出 TPM 實施的重點，經營層則依據這些內容決定是否採用 TPM 來解決這些問題或達成某些特定目標，當然如果公司經營層已經很確定方向，這方面的細部分析也並不是非得做得很細才可。

值得提醒的是，執行 TPM 可以算是改善的綜合體，因此過程中會牽涉到很多改善工具的運用，所以如果公司內部改善的氣候並不是處在溫暖的階段，則建議還是要先導入 QCC 或 QIT 這些活動，稍微為導入 TPM 進行暖身，否則導入之後，還是要回過頭來進行這方面的暖身活動。

Step2. 幕僚人員的設置

TPM 的活動乃是依照正式行政組織在進行活動，依據 TPM 的定義中第五點「以重複小集團的方式活動，達成一切零損失」，所以並不需要特別編定另外的活動組織，不過由於活動展開過程，每個部門都必須有相對應窗口，以便對活動過程的進度與成效進行討論，因此，在正式行政組織中，指定各部門一位兼任幕僚工作，如果公司規模比較大時（員工人數多於 1200 人或導入的活動部門超過五個），因為溝通、統合的工作會比較多，這時，建議要有專門人員來負責推展工作；另外，全公司推動時，由於活動範圍比較大，因此，可以設定一些規劃人員，進行推動內容的計畫與跟催。

這個階段的重點是研討設立一些 5S、自主保養相關的評價表，作為 Step8 以後的實施依據，等到導入約一年的時

間，則品質保養的相關評價表也會陸續需要規劃，各主題分科會展開的狀況瞭解以及協助分科會的相關作業也會成為一大重點工作。

Step3. TPM 的導入教育

在任何活動進行前，充分的教育是非常重要的，而本階段則將 TPM 導入前二個步驟的規劃內容，針對各階層進行不同的教育內容，這個階段也是培養內部師資的最佳時機，初期可以透過外部顧問師來協助教育訓練，但是長期而言，內部師資還是最必要的，這裡所談的內部師資包括非技術性與技術性兩大類，技術類最好聘請公司資深技術人員來擔任，這部分教育如果不能做好，未來展開活動時，就會發生改善內容無法深入的窘狀。

TPM 的導入教育並不需要花太長時間，在這個階段，僅是針對概念來規劃相關內容即可，主要重點放在全員的「TPM 的概念」、各級主管的「OEE 改善的展開」教育；至於其他內容，並不急於在這時進行，因為 TPM 的重點並不在教育，而在執行，因此，千萬別誤以為一開始就把各主題課程上完就更能順利展開活動，主題別的教育，通常會擺在該主題展開前及展開中各進行一次，這樣更能有效讓執行者掌握重點，對於展開活動的精神也比較不會產生偏差。

Step4. 基本方針與目標的設定

依據 Step1 的環境分析內容，制訂未來活動的重點與目標，這些內容，通常以 PQCDSM（P：Productivity，Q：

Quality，C：Cost，D：Delivery，S：Safety，M：Morale）
為主軸來展開，目標訂定的內容將直接在 Step6 展開細部計
畫，並確認其可行性。

　　一般常用的參考指標可以參考表 2-6-1 的內容，為方便
讀者直接使用，在此特別附上表 2-6-1 的內容如下：

指標類型	指標名稱
Productivity	設備總合效率、勞動生產性、附加價值生產性、生產能力、前置時間（L/T）、故障件數、短暫停機次數、故障時間
Quality	加工不良率、顧客抱怨、FPY
Cost	製造成本、報廢率、損益平衡點下降、增加利益、庫存金額、毛利率、無人化率
Delivery	開發生產前置時間、交期準時率、開發時間
Safety	災害件數、驚嚇件數
Morale	提案件數、OPL 件數、小集團參與率、QIT 數量

Step5. 建立 TPM 專責機構

　　是否建立專責機構，並沒有強制性，上述步驟中的目標
內容及企業規模會是考慮的主要因素，如果一開始的目標項
目以及實施範圍都侷限在小範圍中施行，則採用兼任會是一
個融通的方式，直至範圍擴大，覺得有必要時，才設立專責
部門並不會太遲。

　　專責部門負責的主要工作是規劃與執行的確認，因此企

畫力、跟催執行力會是比較偏重的特質，另外溝通也是推動企畫案成功的重要關鍵能力，這些都是專責機構人員選擇時的考量要素。

Step6. 展開 TPM 的 master plan 擬訂

目標及展開重點確立後，接著便可將這些內容依據功能部門與專案別的方式來制訂展開計畫，在這個計畫中，也要將達成目標過程相關應具備的工具、手法，安排適當的教育訓練（結合 Step8-4）。計畫表依企業規模，可能全公司一份，也可能從公司到部門逐層展開，重要的是，計畫內容一定要與目標結合，並且考慮資源的可行性。至於基本計畫包含的時間長短，可能從六年計畫到一年計畫都有可能，不過一般建議以二到三年較適當些，也可以配合目標值達成的時間點來訂定。

如果將 TPM 優秀獎列為挑戰目標之一，則建議至少要有 3～4 年的整體計畫，並將挑戰時間列入計畫表中，這樣整體推動方向會更明確些。

典型的 master plan 包含了 TPM 展開的八大支柱，即：

1. 生產部門效率化體制的建立
   - 個別改善
   - 自主保養
   - 計畫保養
   - 操作、保養的技能提升訓練
2. 新製品、新設備的初期管理體制的建立
3. 品質保養體制的建立

4.管理間接部門的效率化體制的建立

5.安全　衛生與環境管理體制的建立

Step7. TPM 正式導入大會

正式導入大會一般以「Kick off 大會」稱之，頗有正式開賽的意味，這充分表現出 TPM 的高難度與挑戰性，大會中除了高階人員的執行決議表明之外，各部門主管報告目標的執行計畫也是必要的。

由於 TPM 的展開內容中，很多項目都會與供應商有關連，因此，如果在這個大會中，邀請主要供應商一起參與，作為後續供應鏈全面展開的基礎，對整個企業的目標達成會比較有幫助。

上述 Step1～Step7 的時間長短，依企業的內部共識建立程度略有所異，正常狀態約 2～8 個月不等。

Step8. 生產部門效率化運作體系的建立

從這一個步驟開始，正式進入執行階段，因為 TPM 是以設備面為切入點，因此，以設備總合效率為中心來展開的個別改善自然成為整個活動的重心。

Step8-1. 個別改善

展開個別改善，就如同 TQM 的 QCC 活動一樣，只是焦點放在設備總合效率，而所運用的手法，則不限定於 QC 七大手法，各種分析方法，包括 5 Why 分析、設備 FMEA（Failure Mode and Effect Analysis）、PM（Phenomena and

Physical – 4M）分析、M-Q（Machine-Quality）分析、MTBF
（Mean Time Between Failure）分析、MTBQF（Mean Time
Between Quality Failure）、愚巧法等都是在 TPM 個別改善
中常用的分析方法。另外，這些個別改善活動過程中牽涉到
許多改善重點，自然而然會與設備的自主保養、計畫保養、
品質保養有關係，因此，Step8-2~Step8-4 的執行內容，事實
上會與個別改善有強烈的關連。

　　因此，個別改善可以說是 TPM 改善 loss 的一種形式，
它的重心在於達成 TPM 的目標，而其焦點在於「改善」，
而非「維持」或「矯正」。

Step8-2. 建立自主保養體制

　　自主保養的重點應該是放在劣化的防止，亦即確保設備
的運作能維持一定程度的水準，例如正確的操作方法、基本
條件的確認、工程變換的適當調整以及異常狀況的記錄與反
應，在自主保養裡所談的「異常」，指的是與設定基準不同
的地方，而不單純限於狹義的「故障」。

　　設備操作人員扮演的是設備保養部門的現場感應器，如
果說要設備操作人員花時間去徹底研究設備的性能、結構與
維修方法，甚至扮演設備專門維修人員的角色，可能是比較
不實際的想法，因為這些人的主要職責是生產而非維修，自
主保養進行的目的是因為要順利達成生產的職責，而必須進
行的工作之一，若將職務功能搞混了，恐怕就會失掉整個活
動的意義。

　　因此，要能讓設備操作人員具備感應器的功能，就要訓練操作人員具備四種能力，亦即（1）使能看得出異常狀態的條件整備能力，（2）能夠知道什麼是異常的能力，這其中包含與設備故障有關的異常判斷基準及與品質不良有關的異常判斷基準，（3）異常狀況的處置與恢復能力，（4）異常狀況的防範未然能力。

　　為了有系統的把自主保養做好，一般都建議依照自主保養的五個步驟配合個別改善來進行，這五個步驟為：（1）初期清掃，（2）問題發生源的改善，（3）制訂清掃、給油基準，（4）總點檢，（5）自主點檢與自主管理。

　　另外為了使自主保養能落實，對於設備操作者也要進行相關訓練，這些訓練可分成四個步驟進行：（1）設備不合規定處的指出，（2）設備機能、構造的認識訓練，（3）設備精度與品質關係的認識訓練，（4）設備的點檢技能訓練。

　　以下是一個以 5S 為基礎展開自主保養的活動例子，當企業進行這方面規劃時，可以參考這樣的形式來規劃。

自主保養活動

【5S 活動內容＝自主保養的基本活動】

整　理	整　頓	清　掃		清　潔	教　養
	三定化活動	點檢		問題點對策	標準化及習慣化
建立 5S 活動計劃 MAP					
* 製作設備 MAP	* 撤藏不要物	* 問題點的發現		* 問題點對策	* 管理責任的明確化
* 建立我的 5S 責任	* 資料分類整理	* 實施管理責任表示		* 目視管理的實施	* 日常點檢的定常化
	* 冶具、工具的定位	* 計劃目視管理基準		* 完成生產表示板	* 教育訓練的實施
	* 清掃用具的定位			* 完成不良指示燈	
	* 作業現場的區劃				

【5S 與自主保養活動導入前的問題點背景】

（人）	（設　備）	（作業場所）
(1) 不關心髒亂、不打掃。	(1) 故障漸漸的益增加中。	(1) 通道或站立處、污穢影響安全。
(2) 沒有報告故障的習慣。	(2) 開關及冶具污髒致無法點檢。	(2) 冶具、工具沒放固定位置、得花時間尋找。
(3) 認為 5S 是工作外的事。	(3) 發生小停止導致生產不穩定。	(3) 沒朝氣、感覺較慢。
(4) 缺乏具備說備知識，也不關心。	(4) 因外要大，故看不見點檢部位。	(4) 物品未定位、影響安全。
	(5) 根本搞不清楚點檢的位置	

【5S 活動的導入方式】

活動的認定水準分銅、銀、金的三階段等級

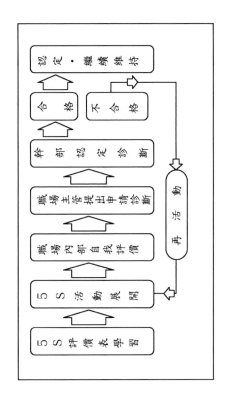

【5S 水準評價表】

No.	對象	銅 第1基準	銅 第2基準	銅 第3基準	銀 第4基準	金 第5基準
A1	設具・治具工具	有・不需要物品的表示	管理責任 MAP，有無必要品的 MAP	設備點檢項目管理水準 MAP	污染來發生源 50%對策有不恰當點的改善計劃	故障低減 1/10
A2	作業台	有 不需要品的一覽表	生產必要之備品 MAP	清掃		
A3	儀表管理	儀表管理範圍有標示出來	有 MAP 方便點檢	重要…… 設備……		
A5	油量					

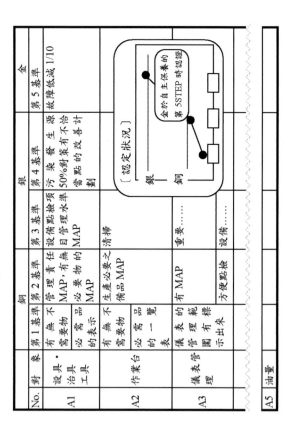

〔認定狀況〕

金
銀
銅

基於自主保養的 第5STEP 時認證

【自主保養活動 STEP 展開】

STEP 項目	STEP 1	STEP 2	STEP 3	STEP 4	STEP 5
活動主題	初期清掃	發生源困難個所對策	暫訂基準作成與點檢活動	故障分析與弱點對策	自主點檢〔自主管理〕
活動內容	設備外部、內部、基準面、付帶設備、油壓機器、空壓機器、搬送裝置、配線、配置、點檢部位	1. 發生源（切粉、油污來發生、切粉、油濺散發生）、困難個所 2. 清掃困難個所、點檢困難個所 3. 其他不恰當個所	1. 為了復原維持暫時性清掃基準暫時性點檢基準的作成 2. 清掃、點檢實施、復原結果與成果的確認	1. 現狀的點檢必要個所總確認 2. 故障多發個所變更→點檢方法 3. 弱點部位的明確化	1. 點檢活動的習慣化 2. 點檢活動的效率化 3. 點檢、保養活動的體制確立
（活動內容的重點項目）	初期大清掃活動	不恰當點復原活動	暫訂基準作成	故障分析	點檢的習慣化
活動的重點	1. 清掃困難個所摘出 2. 點檢困難個所摘出 3. 鬆脫、劣化、破損個所摘出 4. 電氣系、空壓系、由壓系、潤滑系等的分類 (1) 設備特性的分類與發見不恰當個所的分類與定量化、發見 (2) 圖表	1. 不恰當個所的復原實施與圖表化、定量化 2. 復原內容的明確化、復原的圖示與展開 3. OPL 的作成與展開教育訓練 4. 成果的明確化知道的事的明確化點檢、清掃、給油加鎖緊	1. 新基準作成與展開清掃、點檢活動的改善 2. 點檢方法的改善 3. 清掃用具的改善 4. 展開目視管理	1. 對應故障發生點檢頻度、點檢方法的變更 2. 故障分析〔用 PM 分析、Why 分析發現故障原因〕 3. 發生故障的改良保養、改善實施 4. OPL 作成展開發展教育訓練 5. 新點檢表的作成	1. 點檢的效率化 2. 點檢的道具改善 3. 教育訓練的習慣化

【活動的目的】

透過各階層職務的明確化與知識、技術水準提高來減低突發故障

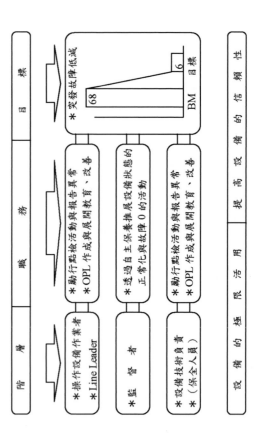

STEP 2. 困難個所、發生源對策

STEP 1. 初期清掃：不恰當個所發現活動

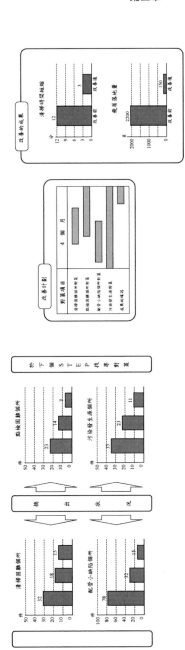

STEP 4. 故障分析：總點檢

STEP 3. 維持管理基準的作成

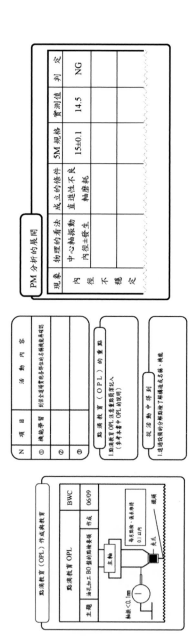

點檢的容易化改善事

No.	點檢對象	改善方向、方法
1	油壓儀表管理	設備旁的儀表變更位置朝正面，方便點檢
2	馬達皮帶回轉	於方便點檢方面下功夫實施皮帶回轉方向表示或改透明蓋
3	設備內冷卻風扇	利用乒乓球製作浮筒
4	開閉閥的開閉狀況	製作度量板，方便明瞭開閉閥狀況

點檢表的改善

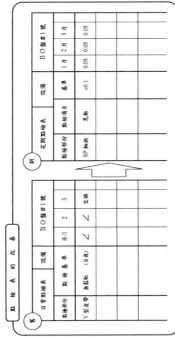

舊

日常點檢表

點檢部份	點檢要事	設備	BO盤#1號		
		(目視)	日/1	2	3
V型皮帶	異點檢		✓	ㄥ	交換

新

定期點檢表

點檢部份	點檢項目	設備		BO盤#1號		
		基準	1月	2月	3月
SP軸撿	鬆動	±0.1	0.05	0.05	0.05

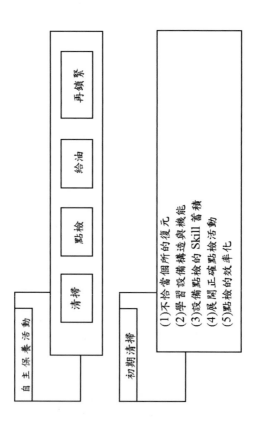

【活動事例】

自主保養活動

清掃　點檢　給油　再鎖緊

初期清掃

(1)不恰當個所的復元
(2)學習設備構造與機能
(3)設備點檢的 Skill 蓄積
(4)展開正確點檢活動
(5)點檢的效率化

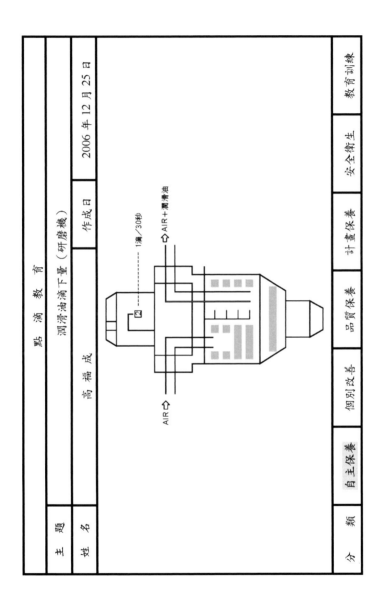

主　題	點　滴　教　育		
	潤滑油滴下量（研磨機）	作成日	2006 年 12 月 25 日
姓　名	高　福　成		

分　類	自主保養	個別改善	品質保養	計畫保養	安全衛生	教育訓練

發現不恰當的內容

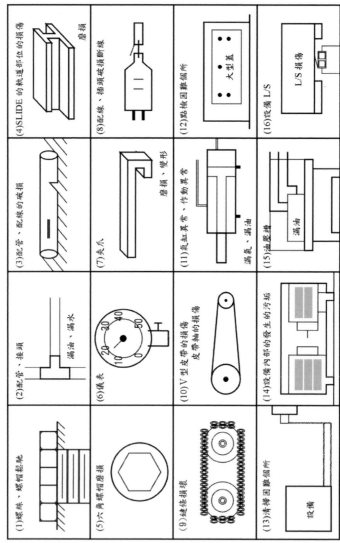

(1)螺栓、螺帽鬆弛	(2)配管、接頭 漏油、漏水	(3)配管、配線的破損 	(4)SLIDE 的軌道部位的損傷 磨損
(5)六角螺帽磨損	(6)積表 10 20 30 40 50	(7)夾爪	(8)配線、插頭破損斷線
(9)鏈條損壞	(10)V 型皮帶的損傷 皮帶軸的損傷	(11)氣缸異常、作動異常 磨損、變形 漏氣、漏油	(12)點檢困難個所 大型蓋
(13)清掃困難個所 設備	(14)設備內部的發生的污垢	(15)油壓槽 漏油	(16)設備 L/S L/S 損傷

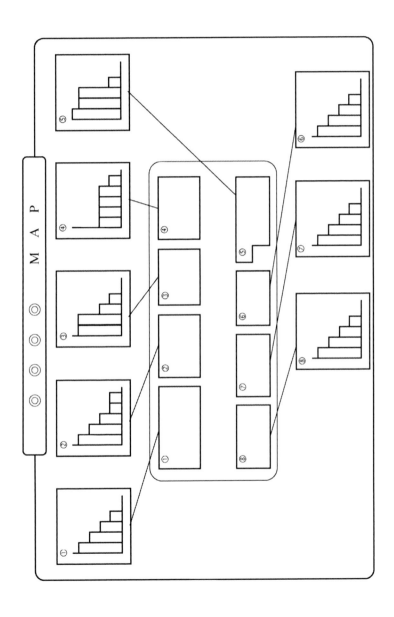

不恰當個所復原計畫

	不恰當項目	件數	復元內容	期限	擔當
清掃困難個所	* 配線散落在地上	25個所	製作配線放置台	8/05	張sir
	* 配線好幾條吊在半空中	3個所	紮成整束	8/15	李Sir
	* 切削水四處噴散	2件	局部加蓋	8/20	王Sir
點檢困難個所	* 馬達上有加蓋無法點檢	2個所	改成透明蓋	8/25	宮Sir
	* 儀表位於設備的後方不便於點檢	1個所	集中儀表於一處	8/30	葉Sir
其他的不恰當	* S/W破損	2個所	新品交換	8/10	李Sir
	* Brg破損	5個所	新品交換	8/25	黎Sir

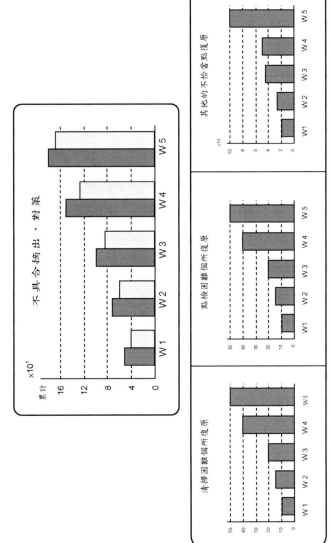

點檢基準表

No.	點檢部份	點檢內容	點檢基準	點檢頻率	點檢方法
	點檢基準表		KAFUCHI 研磨機	設備 No.	2006－F0159
基準設定日	年 月 日		設備名		
1	油壓儀表	油壓壓力	30kg±3	1／月	目視確認
2	三件組合	潤滑油量	80％以上	1／月	目視確認
3	V型皮帶	損傷／劣化	10m/m以上	1／月	計測具

日常點檢表

日常點檢表	設備名		KAFUCHI 研磨機		設備 No.			2006－F0159					
基準設定日	點檢內容			點檢者		高福成							
No.	點檢部份	年 月 日	點檢基準	1	2	3	4	5	6	7	8	9	10	11
1	油壓儀表	油壓力	15kg±3	16	16	15	15	16	15	16	16			
2	三件組合	潤滑油量	80%以上	90	90	88	86	84	82	82	給油 94			
3	L/S	運轉狀況	運轉音的有無	ok	ok	ok	ok	ok	ok	ok	ok			

點檢容易化的改善（目視管理）

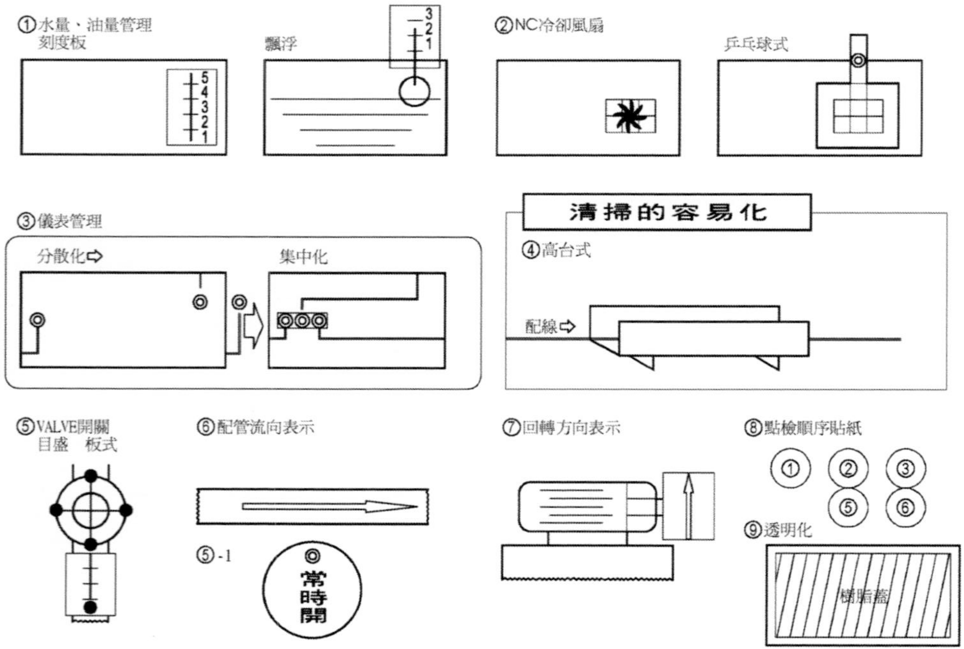

PM 分析

現象	物理性的看法	成立的條件	4M 條件	規格	實測	判定
齒輪面振不良發生	齒輪內徑真圓度	零件沒水平直角固定於模具上即進行加工	(1)零件平行度	0.01 以下	0.02	NG 材料平行度確保
	基準面	模具沒成為水平直角	(1)基準面直角度	90°±0.001	90.0001°	OK

Why Why 分析

發生問題點	為什麼(1)	為什麼(2)	為什麼(3)	為什麼(4)	為什麼(5)	對　　策
配管接頭部位發生漏油	接合處沒密合	橡皮墊沒產生效果	插頭沒固定	螺絲的螺旋處有損傷	鎖過緊，以至鎖力於損傷	鎖力的規格化

MTBF 分析

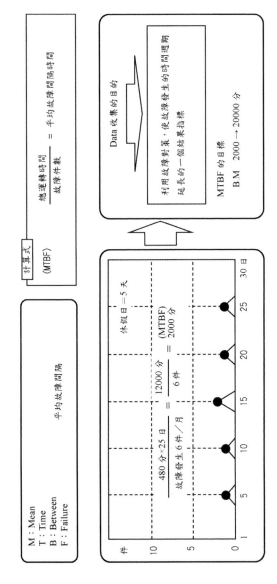

MTTR 分析

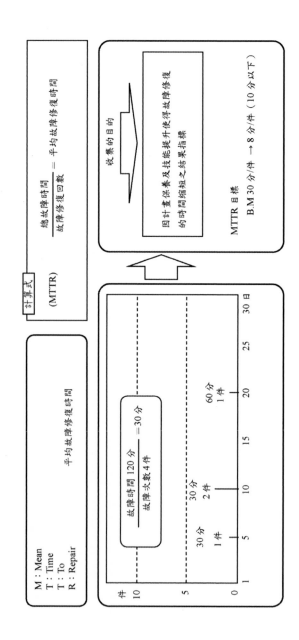

計算式
(MTTR)

$$\frac{總故障時間}{故障修復回數} = 平均故障修復時間$$

M：Mean
T：Time
T：To
R：Repair

平均故障修復時間

故障時間 120 分 ／ 故障次數 4 件 ＝30 分

30 分 1 件
30 分 2 件
60 分 1 件

件
10
5
0

1　5　10　15　20　25　30 日

收集的目的

因計量保養及技能能提升使得故障修復
的時間縮短之結果果指標

MTTR 目標
B.M 30 分/件 → 8 分/件（10 分以下）

SKILL MAP

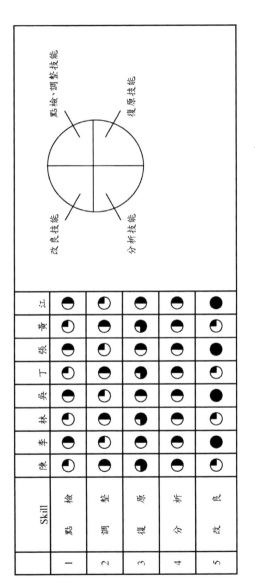

教育訓練計劃

月份	5	6	7	8	9	10	11
點 檢							
調 整							
復 原							
分 析							
改 良							
教育對象者	陳先生、李先生、林先生		吳先生、丁先生、張先生		張先生、黃先生、江先生		丁先生、張先生

發現不恰當點個所的明確化

不恰當點表示牌

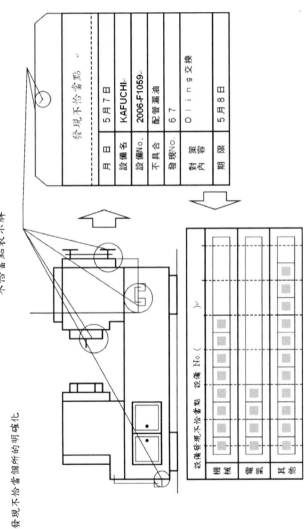

發現不恰當點	
月 日	5 月 7 日
設 備 名	KAFUCHI
設備No.	2006-F1059
不具合	配管漏油
發現No.	6 7
對策內容	O l i n g 交換
期 限	5 月 8 日

設備發現不恰當點 設備 No.(　)		
機械		
電氣		
其他		

Step8-3. 建立保養部門的計劃保養體制

在整個保養活動中，以劣化的測定及回復活動為主要重點，這其中定期保養、預知保養及改良保養多涉及高度技術要求，另外，操作部門自主保養的標準、執行方法的指導，都是保養部門的重要工作。

要做好設備的保養工作，不可能在短期內從所有設備著手，因此，重點設備的選定乃成為計畫保養展開過程的第一件事，其他重點工作還包括設備保養的標準手冊建立、故障排除手冊的建立、設備信賴性提升的研究、目視管理等，都是這個階段要做的。

另外，一般計畫保養也會建議採用這五個步驟來建立：（1）保養情報的整理，（2）點檢與復原，（3）建立保養基準，（4）故障分析與改良保養，（5）計畫保養的效率化。展開步驟的內容，可以參考次頁所示範例。

計畫保養這個主題算是比較有部門針對性的，除了設備、保養部門之外，其他部門可以參與的機會比較小，因此，如果企業展開 TPM 的過程中涉及計畫保養分科會的形式，成員多數以設備相關部門人員居多，此乃正常現象。

計畫保養活動

【計劃保養的基本考量】

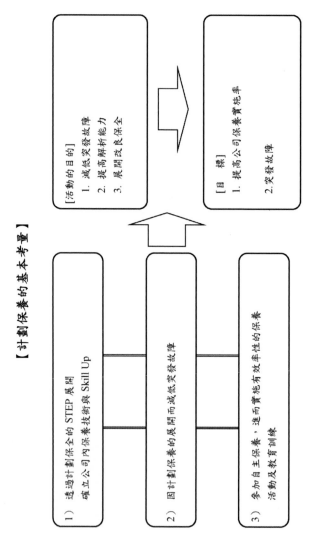

[活動的目的]

1. 減低突發故障
2. 提高解析能力
3. 展開改良保全

[目標]

1. 提高公司保養實施率
2. 突發故障

1) 透過計劃保全的 STEP 展開
確立公司內保養技術與 Skill Up

2) 因計劃保養的展開而減低突發故障

3) 參加自主保養，進而實施有效率性的保養
活動及教育訓練

【基本活動】

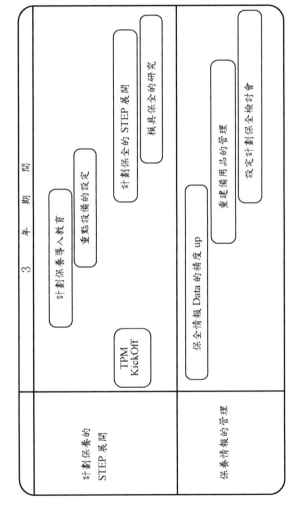

| 計劃保養的 STEP 展開 | TPM KickOff　計劃保養導入教育　重點設備的設定　計劃保全的 STEP 展開　模具保全的研究 |
| 保養情報的管理 | 保全情報 Data 的滿度 up　重建備用品的管理　設定計劃保全檢討會 |

3　年　期　間

【活動的重點】

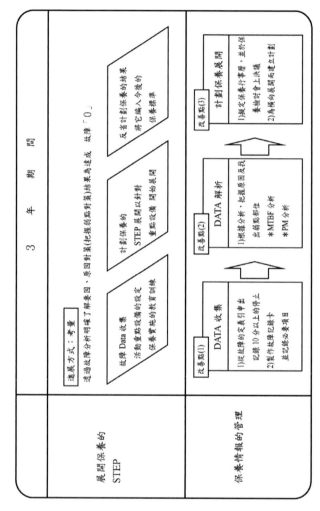

【活動的進展方式】

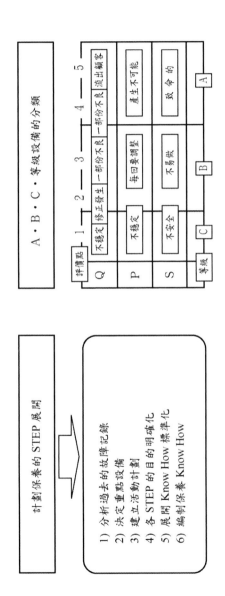

A・B・C・等級設備的分類

評價點	1 —	2 —	3 —	4 —	5
Q	不穩定	修正發生	一部份不良	一部份不良流出顧客	
P	不穩定		每回要調整	產生不可能	
S	不安全		不易做	致命的	
等級	C		B	A	

計劃保養的 STEP 展開

1) 分析過去的故障記錄
2) 決定重點設備
3) 建立活動計劃
4) 各 STEP 的目的明確化
5) 展開 Know How 標準化
6) 編制保養 Know How

【重點評價狀況】 （例）

	設 備 名	台數	品質評價	生產評價	安全評價	合計點	等級	展 開
1	射出成型機〔1300噸～1600噸〕	2	5	3	5	13	A	展開示範設備的計畫保養
	〔650噸～850噸〕	5	4	4	4	12	B	自主保養橫向展開
	〔170噸～450噸〕	5	3	4	4	11	B	自主保養橫向展開
2	中空成型機〔75mm～90mm〕	4	4	4	5	13	A	計畫保養展開
3	中空成型加工 Line〔Bo盤〕	1	3	2	2	7	C	自主保養展開
4	組立 Line	3	2	4	3	10	B	自主保養展開

【STEP 展開】

STEP	STEP 1	STEP 2	STEP 3	STEP 4	STEP 5	STEP 6	STEP 7
活動展開	保養情報的整理	點檢與復原	保養基準作成與定期保養	故障分析與改良保養	保養的效率化	劣化預防	設備的極限利用
展開內容	DATA 的分析與從設備觀察中調查實態	不恰當個所的復原與改善活動	明確保養基準維持改善復原個所	利用 MTBF 分析、PM 分析改良設備的弱點部位	點檢的容易化、單純化改善的展開製作點檢道具	設備之生產良品的條件、研究並明確設備適正化條件	確立設備診斷技術與維持營理的繼續展開

活動目標是第 5 STEP

【計劃保養 STEP 展開】
STEP 1：整理保養情報

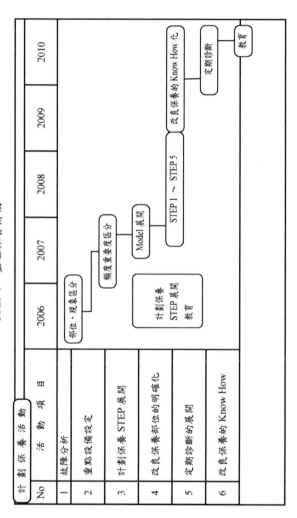

計劃保養活動		2006	2007	2008	2009	2010
No	活動項目					
1	故障分析	部位、現象區分	頻度重要度區分			
2	重點設備設定					
3	計劃保養 STEP 展開	計劃保養 STEP 展開教育	Model 展開	STEP 1 ～ STEP 5		
4	改良保養部位的明確化			改良保養的 Know How 化		
5	定期診斷的展開				定期診斷	
6	改良保養的 Know How				教育	

保養情報的管理

利用進行保養 DATA 的記錄或整理，管理諜求故障防止或縮短故障發生時設備停止時間、計劃劃保養展開的效率化。

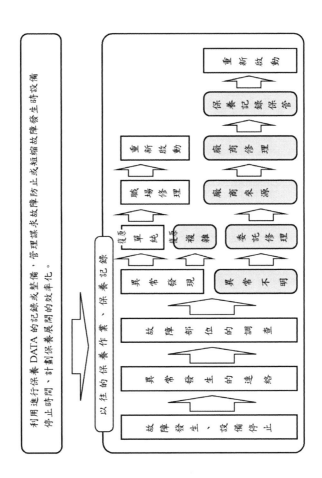

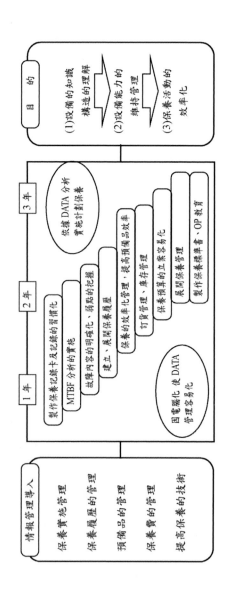

保養記錄的收集與精度提升

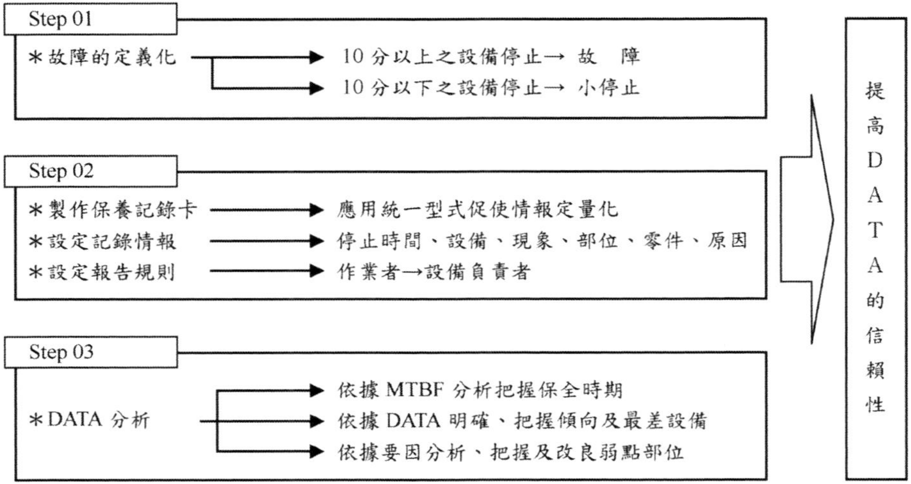

提高 D A T A 的信賴性

Step 01
* 故障的定義化

10 分以上之設備停止 → 故障
10 分以下之設備停止 → 小停止

Step 02
* 製作保養記錄卡
* 設定記錄情報
* 設定報告規則

應用統一型式使情報定量化
停止時間、設備、現象、部位、零件、原因
作業者 → 設備負責者

Step 03
* DATA 分析

依據 MTBF 分析把握全時期
依據 DATA 明確、把握傾向及最差設備
依據要因分析、把握及改良弱點部位

預備品的管理

目的：保養的效率化、預備品量的適當化

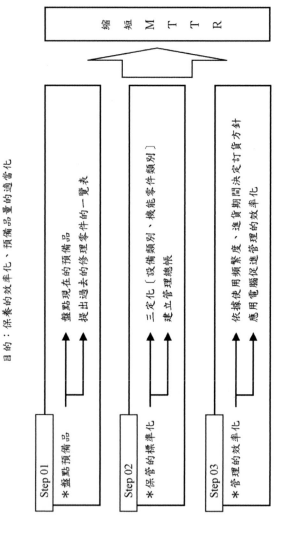

縮短 MTTR

Step 01
* 盤點預備品

　盤點現在的預備品
　提出過去的修理零件的一覽表

Step 02
* 保管的標準化

　三定化〔設備類別、機能零件類別〕
　建立管理總帳

Step 03
* 管理的效率化

　依據使用頻繁、進貨期間決定訂貨方針
　應用電腦促進管理的效率化

STEP 2：點檢與復原

活動展開（點檢活動）

項目	點　檢　部　份	點　檢　的　內　容
1	油壓動作系統	馬達、油管、電磁瓶、油箱
2	冷卻系統	冷卻風扇、冷卻器（油溫）
3	材料供給系統	主電氣系統、粉碎料系統
4	齒輪箱	皮帶、潤滑油、主軸、齒輪
5	粉碎機及週邊機器	皮帶、馬達、本體的振動
6	電熱系統	電熱片、電磁片、操縱裝置

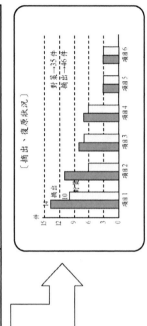

［摘出、復原狀況］

對策→35件
摘出→46件

STEP 3：建立保養基準與定期點檢

保養基準表

項目	點檢部份	規　格	點檢週期	點檢方法
1	油壓油	#R-68	1／6個月	廠商化驗
2	齒輪油	#R-220	1／週	目視

中空成型日常點檢表

項目		內容／日	1	2	3	4	5	6	7	8	9	10	11
日常	空氣壓	5K~7K	6	6	6	6	6						
	電流值	15A±2	14	15	15	14	15						
	油壓值	90K~120K	90	90	90	90	90						
週末	三點組合	油量=70~80	70	60	給油	80	80						

STEP 4：故障分析與改良保養

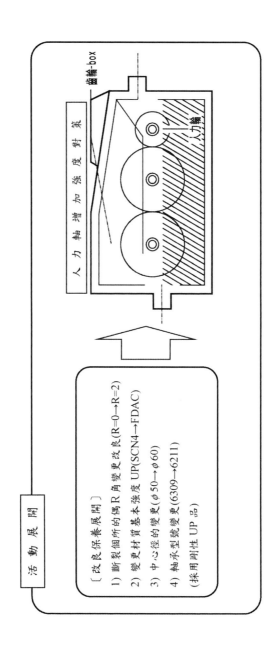

活 動 展 開

〔改良保養展開〕

1) 斷裂個所的隅 R 角變更改良(R＝0→R=2)
2) 變更材質基本強度 UP(SCN4→FDAC)
3) 中心徑的變更(φ50→φ60)
4) 軸承型號變更(6309→6211)
(採用剛性 UP 品)

STEP 5：保養的效率化

為了點檢容易化之部品構造教育

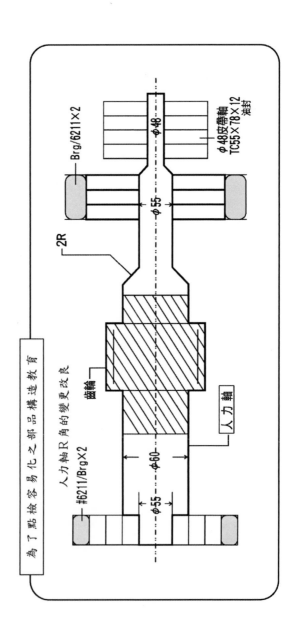

Step8-4. 提昇操作、保養技術的訓練

配合個別改善活動的展開，一方面發現問題，一方面學習問題解決的手法，因此，有系統的教育訓練將可確保問題解決能力的提升，以及技術的傳承。

操作的技能訓練，除了製品、製程的相關知識教育之外，問題分析解決的手法學習也是一大重點，另外一部份則是搭配 Step8-2 訓練步驟循序漸進執行。保養技術訓練，則以「空壓裝置」、「油壓裝置」、「電氣系統」、「機械裝置」等為主軸，搭配設備製造商的維修技能教育及公司內部技能檢定教育來進行，當然，基本的故障分析手法如 5Why 分析、系統解析等也是不可或缺的訓練主題。規劃時可以參考次頁技能教育訓練的內容。

有些企業會將技能、技術訓練納入人力資源教育訓練的一環，並與升遷、技能津貼連結，這也是不錯的作法，從新進人員開始就規劃好學習的 roadmap，除了學習者可以對未來的方向比較清楚之外，透過這樣的結構，也能逐步降低學習成本。

技能教育訓練

【教育訓練活動概要】

基本的考量

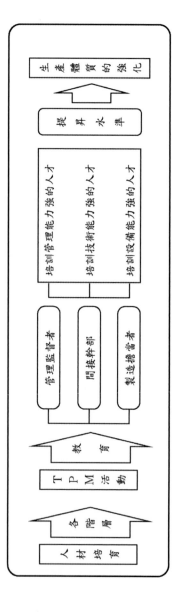

活動展開

項目	教育	教育內容	2006	2007	2008
工廠	保全道場教育	自主保養展開	TPM 導入教育	示範 STEP 展開	橫向展開 一般教育
		電氣、油壓、空壓的知識技能		分解範例、組立實踐教育	
		作業知識、技能（操料、clean）	保養準備 設置準備（資料、器材）		改善實戰訓練
		分析的知識、技能（Why Why 分析）			
	品質教育	QCC、QIT		初級教育、中級、高級教育	
				知識教育、小集團教育	
間接	開發部門	開發技術（製圖、設計）		VA、VE 知識教育、改善技術教育	
	事務部門	事務 5S、OA 工具操作技能	事務 5S 教育	OA 工具操作教育	

以提高 QCD 為目的之人與作業的技術、技能之相關性

部門＼作業	開發部	製造部	品管部	其他間接
沖壓作業	*提昇模具設計的精度 *開發的效率化 *縮短模具製作之 L/T	*沖壓條件的適正化 *加工、組裝條件適正化 *Line 編成的效率化	*QC 工程表品質基準設定 *問題分析、對策 *出貨完成品質的保證	*納入零件品質確保 *生產管理情報提供 *製造成本管理
組立作業	*提高設計技術 *研究無毛邊模具	*L/T 縮短、故障低減 *品質向上與品質保證	*品質保證制度的確立 *計測工具精準度檢定	*零件生產出貨管理 *情報提供的效率化
加工作業	*VA、VE 展開 *製作簡單設計 *低成本設計	*刀具設定、冶具設計的適正化 *減低加工成本 *換模、小停止對策	*計測技術的改善	*安全基準的設定

朝向將來之教育體系

	OP	管理、監督者	間接人員
技能	冲壓 *設備點檢 *設備操作 *品質測定 *換模作業 *寸法調整　　加工、組裝 *作業順序 *品質測定 *換模作業 *刀具交換 *寸法測定	設備管理 成型技術・原理、構造、條件管理	專門保養技能 *計劃保養 *改良保養
設備保全	保養技術 *故障修復 *小整備 *小改善 *自主保養	模具技術	系統導入
其他	品質管理教育 生產管理教育 作業教育 安全作業教育	管理系統教育 新任管理、監督者教育 各種技術教育 改善手法、技能教育	繼任者培訓教育 研修 VA、VE手法

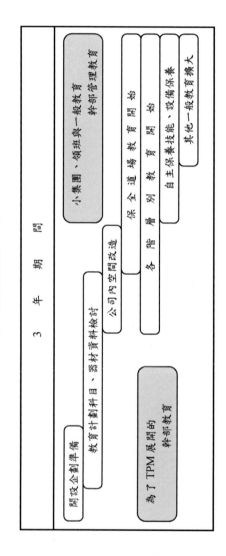

保全道場教育

保全道場開設計劃大日程

保全道場教育科目、計劃表

(1)自主保全 STEP 展開教育內容

STEP	教育內容		教育人員推移
1)初期清掃	1.清掃的重點部位	2.清掃方法與道具	
2)發生源、困難個所對策	1.不恰當點的復原	2.清掃的容易化	
3)清掃點檢基準作成	1.故障實績記錄卡作成	2.點檢的重點部位	
4)故障點檢、總點檢	1.成型機的構造、機能		
5)自主點檢	1.點檢的效率化改善	2.目視管理的加強	

項　目	教育內容		教育人員推移
小整備技能	V型皮帶交換 ＊皮帶軸交換 潤滑管理　＊L/S調整交換 傳送帶調整交換	＊配管接管交換 ＊光電管調整交換 ＊電氣熔接	

作業技能訓練

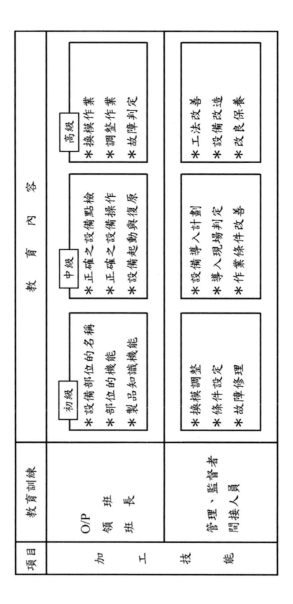

項目	教育訓練	教　育　內　容		
		初級	中級	高級
加工技能	O/P 領　班 班　長	＊設備部位的名稱 ＊部位的機能 ＊製品知識機能	＊正確之設備點檢 ＊正確之設備操作 ＊設備起動與復原	＊換模作業 ＊調整作業 ＊故障判定
	管理‧監督者 間接人員	＊換模調整 ＊條件設定 ＊故障修理	＊設備導入計劃 ＊導入現場判定 ＊作業條件改善	＊工法改善 ＊設備改造 ＊改良保養

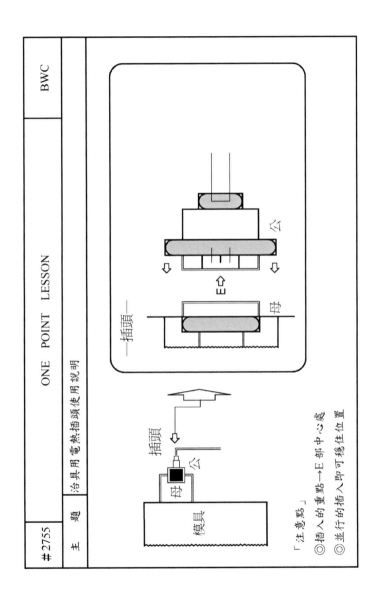

# 2755	ONE POINT LESSON	BWC
主題	冶具用電熱插頭使用說明	

「注意點」
◎插入的重點→E部中心處
◎並行的插入即可穩住位置

設備保養教育

1	領班 監督者	(1)已決定之點檢活動的實施、早期發現異常及報告 (2)故障的判斷、適切的把握現象
2	課長 設備擔當者	(1)有能力復原、能製作保養行事曆 (2)有能力把握設備弱點與改良保養
3	重點設備	(1)透過定期診斷持續突發故障0 (2)已開始改良保養能力 (3)已能十分發揮設備能力
4	保養體制	(1)透過誌制實施設備管理、計劃保養活動 (2)依據保養資訊系統 PDCA 有效率的週轉

設備保養的教育訓練

盤點現在的保養擔當、幹部的設備 Skill，根據 Skill Map 計劃教育訓練，以提高技術為目標。

	A先生	B先生	C先生	D先生	E先生	科目　　時間	3　年　期　間
設備構造	◑	○	◕	◑	◑	設備的知識、機能構造	▮
沖壓原理	◔	◔	●	◔	◔	油空壓、潤滑、電氣	▮
潤滑、油壓	●	◑	●	◕	●	NC設備	▮
空壓、電氣	●	◕	◕	◕	◔	PM分析、MTBF	▮
圖面、回路	◑	◑	●	◔	◔	圖面、讀解法／寫法	▮
PM分析	◕	○	◕	○	○	診斷機器、計測器	▮
故障分析	○	○	◕	◑	○	設備的診斷技術	▮

以上 Step8 展開過程的關係作法，可以用圖 3-1-2 表示。

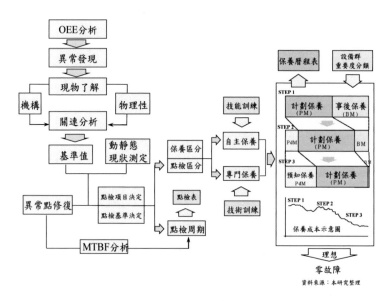

圖 3-1-2　Step8 關連展開體系圖

Step9. 建立品質保養體制

　　一般傳統的品質管理，都是從產出的結果（輸出面）來進行，最典型的就是不良品的柏拉圖統計，並從這個統計資料中，著手展開相關分析與對策，要做出這些統計圖，背後代表的意思就是不良品已經產生了，如此，雖然可以解決一些問題（異常問題的矯正），但是，對於不做出不良品的觀念，仍然難以實現，因此，另一個可行的方式，是從製造的輸入面著手，這就是品質保養的概念。

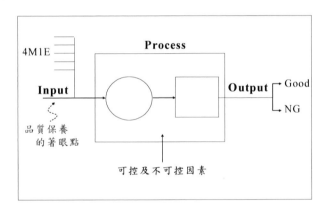

　　典型的品質保養範疇，包括「不接受不良品」、「不產生不良品」以及「不流出不良品」三方面，從制度面來看，企業普遍施行的 ISO 9001 品質系統，也算是品質保養的一環，不過，在 TPM 中的品質保養比較傾向 100%良品的保證系統，因此，設定零不良的生產條件乃是品質保養的重點。（嚴格上講起來，品質保養還包括了「不設計不良品」這個項目，不過這個部分通常把它放在間接部門效率化中的「研

發效率化」來進行。)

　　依照 JIPM 的建議，品質保養的推動程序可以分成以下 17 個步驟來展開，分別是：（1）品質規格、品質特性的確認；（2）品質不良現象的確認；（3）對象設備的選定；（4）確認設備的機能、構造、加工條件、製程中間準備方法；（5）設備狀態的調查與復原；（6）PM 分析的實施；（7）不良因素的整備；（8）應有狀態的設定與加工條件、製程準備的最適化；（9）問題缺失的顯現化；（10）復原或改善；（11）基準值的檢討、點檢項目的檢討，並對其結果加以確認；（12）設定可以製造良品的條件；（13）點檢方法的彙總；（14）決定點檢基準值；（15）品質保養矩陣圖的作成；（16）反映至品質基準書；（17）基準的檢討、點檢項目的檢討，並透過趨勢管理與結果進行確認。

　　品質保養最常用到的方法，則是 M-Q（Machine-Quality）分析，它是一種高品質、低成本的活動，除了對設備精度與製品的品質作關連分析外，也對量測儀器、作業方法、原物料等要因與設備的關係及在品質上的影響度加以分析，M-Q 分析概念如圖 3-1-3 所示。

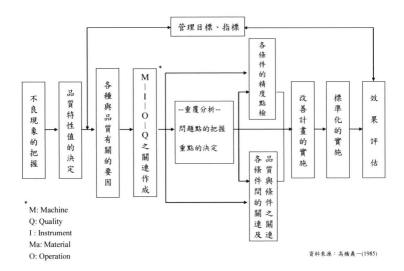

M: Machine
Q: Quality
I : Instrument
Ma: Material
O: Operation

資料來源：高橋義一(1985)

圖 3-1-3　M-Q 分析概念圖

品質保養活動

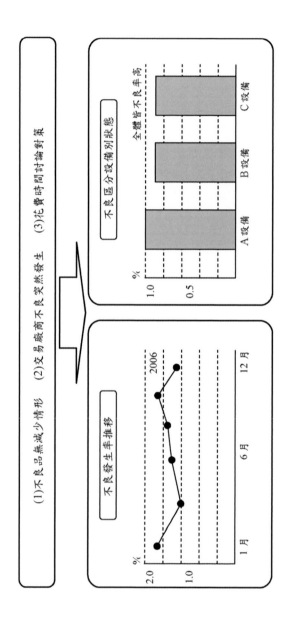

【品質保養活動導入前的問題點】

(1)不良品無減少情形 (2)交易廠商不良突然發生 (3)花費時間討論對策

【人的想法】

對於不良品發生的想法	對於流出不良的想法
(1)每天的加工量多，稍有不良也沒辦法 (2)發生某些不良是理所當然的 (3)不良是因為設備或材料有問題 (4)若只有1、2個，不良成本也不多	(1)只有1個～2個，應該不成問題 (2)和良品交換即可 (3)並非自己的責任 (4)出貨時的品檢仔細點就可以

基本的考量

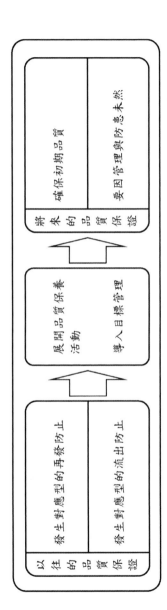

【以顧客滿足 No.1 為目標之降低不良、出貨品質保證的展開】

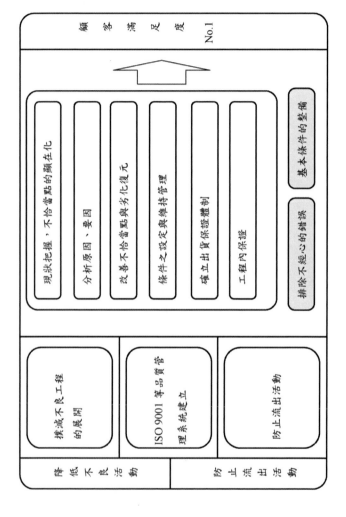

【品質保養基本活動】

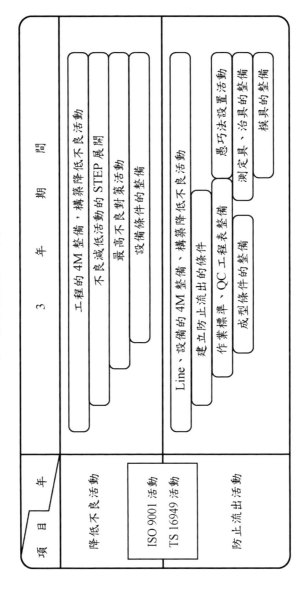

項　目	年	3　年　期　間
降低不良活動		工程的 4M 整備，構築降低不良活動
		不良減低活動的 STEP 展開
		最高不良對策活動
		設備條件的整備
ISO 9001 活動 TS 16949 活動		Line、設備的 4M 整備、構築降低不良活動
		建立防止流出的條件
		作業標準、QC 工程表整備
		成型條件的整備
防止流出活動		愚巧法設置活動
		測定具、冶具的整備
		模具的整備

【降低不良、防止流出的 Worst 對策】

活動項目	展開內容	降低不良率目標 BM/目標	活動計劃
不良減低活動 Worst 3 不良對策	1. A設備 2. B設備 3. C設備	5%→0 4%→0 3%→0	DATA 收集 PIN NUT 冶具的改善 → 效果確認及標準化 不良現象的調查與原因的究明 → 類似機種的橫向展開活動 對象活動 Try → 對象活動 Try 與其標準化 不良再現 Try → 其他的橫向展開活動 原因究明與對策改善 標準書作成再發防止 → 其他的橫向展開
流出防止活動 Worst 3 流出不良對策	1. A設備 2. B設備	個數 15→0 5 →0	退貨的實物確認與現況工程的調查 檢討發生可能個所的作業方法 → 愚巧法設置的檢討 現象再現 Try 與原因究明 → 對策發生其他機種橫向展開 確認冶具精度 → GATE 位置變更 Try → 改善及其他機種的橫向展開

【品質保養的 STEP 展開】

有關係到慢性不良（Worst）對策或流出不良對策之推展活動的品質保養 STEP 展開，需有效使用並確實地完成。

	STEP 1	STEP 2	STEP 3	STEP 4	STEP 5
重點主題	實態把握	劣化的發現復原	建立預防方法	良品的條件構築	防患未然的維持管理
Skill Up	Data 的收集精簡把握實物現象	異常部位的改善	OPL 作成 Know How Sheet 作成	依據 PM 分析解析真因	條件維持管理標準書的管理

基本的考量

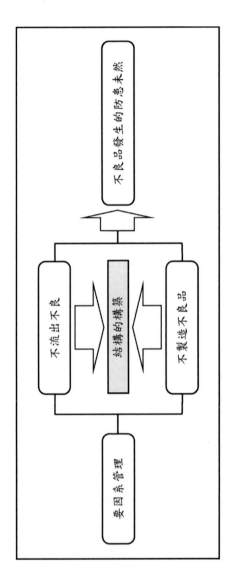

展開建立 PQA Line 的 STEP 展開

STEP 1	STEP 2
設定目標水準 零件的重要性 品質的重要度	製作 QA 相關圖 對策課題的明確化、重點化

（分類）	STEP 3	STEP 4	STEP 5
不流出不良	*遵守 QC 工程表的作業 *測定頻繁度的明確化　[人、方法]	*讓大愚巧法裝置 *展開測定及計量活動　[品質管理活動]	*導入 In Line 計劃　[計劃] *計測的自動化
不製造不良	*無調整、自動化 *條件管理與再發防止 *確保工程品質　[人、方法]	*充實品質管理職位　[設備] *展開漏洩出不良對策	*透過設備診斷維持精密度　[計劃] *FA化 *自動化
水準與內容	C水準 全機交與作業者	B水準 設置異常發現的改善裝置	QA水準 確立線生流出防止的結構

方法 1	方法 2
*作業標準書 *測定的間隔 *加工適當條件 *其他	*生產線內檢查 *工程自動計測器 *檢查系統

人
*作業的熟練度 *大愚的失誤 *作業場所環境 *其他

QA 相關圖

〔內容記號〕

作業、發主工程＝●	流出水準＝▲廠商　△工程內
W檢查工程　＝○	☆市場
檢查發現方法　＝■愚巧法　□目測檢查　×沒檢查	

事例	工程 不良內容	成型、加工	工程間搬出	去毛邊	檢查	包裝、裝箱	出貨	流出水準	評價
成型	成型、異物、外觀不良	●		○	□			☆	A
	成型面損傷不良		●	○	○□			△	B
	A面漏加工	●			○□			▲	C

QA Function Map

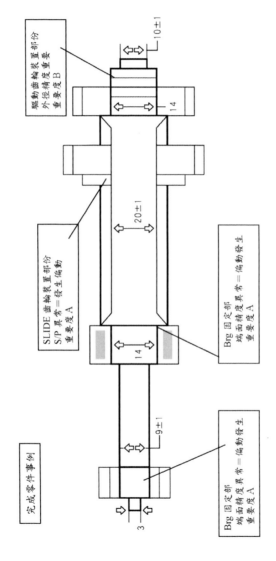

完成零件事例

驅動齒輪裝置部份
外徑精度 重要度 B

SLIDE 齒輪裝置部份
S/P 異常＝發生偏動
重要度 A

Brg 固定部
端面精度異常＝偏動發生
重要度 A

Brg 固定部
端面精度異常＝偏動發生
重要度 A

10±1

14

20±1

14

9±1

3

Q Comp.管理

材料製品接觸的品質部份

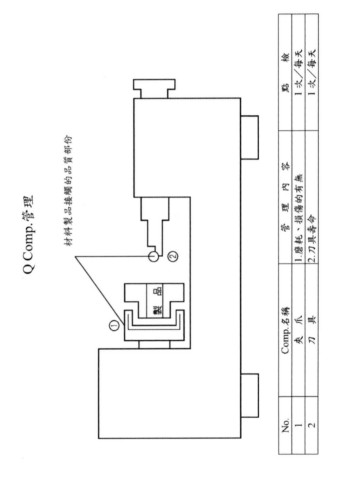

No.	Comp.名稱	管 理 內 容	點 檢
1	夾 爪	1.磨耗、損傷的有無	1次／每天
2	刀 具	2.刀具壽命	1次／每天

條　件　管　理

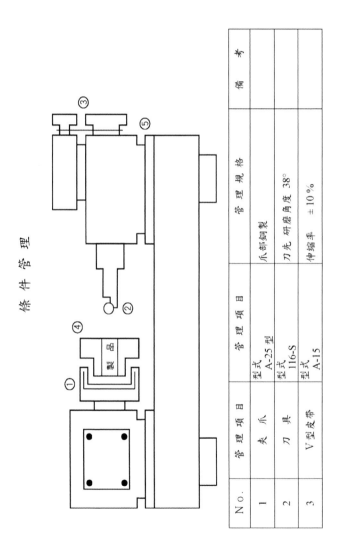

N o.	管 理 項 目	管 理 項 目	管 理 規 格	備　考
1	夾 爪	型式 A-25 型	爪部銅製	
2	刀 具	型式 116-S	刀先 研磨角度 38°	
3	V 型皮帶	型式 A-15	伸縮率 ±10%	

Step10.設備初期管理體制的建立

　　追求設備效率最大化乃是 TPM 的主要目標，而個別改善、自主保養、計畫保養等改善活動都是針對既有的設備著手，如果從投入、產出的角度來看，事實上也是一種結果面的改善，效益就如同品質改善如果從產品的產出結果來分析改善，畢竟是慢了一步；所以，保養預防（MP）設計，就成為前端解決設備問題的必然方向。

　　設備初期管理主要的目的有三：第一，100%達成製品設計的要求品質特性值，從工程計畫展開設定工程品質，並依此來選擇、製作可以 100%達成這些要求的設備。第二，計畫生產能力要能確保製品的計畫成本，因此，在設備投資成本與操作的維持成本兩個目標要設定清楚，並依此作為設備設計採購的依據。第三，設備稼動的計畫日程要能遵守，以確保製品的交期準時，因此，設備初期發生的問題不可再次發生，以保證計畫生產量及品質水準能 100%達成。

　　後藤文夫（1995）認為達成設備初期管理的五大要件是 "DREAM"，D 是指 Development（開發），R 是 Reliability（信賴性），E 是 Economic（經濟性），A 則指 Availability（稼動率），M 是 Maintainability（保養性）。這之中牽涉到的技術面課題包含 QA（Quality Assurance）設計、LCC（Life Cycle Cost）設計、彈性化（Flexibility）設計、低成本的自動化設計、故障或保養時的本質安全化設計以及生產技術研究開發、工作方法開發的改善等。

Step11. 管理、間接部門的效率化

　　由於企業效率的提昇，並非從單一方面著手即可解決，很多問題，也不見得只是設備面的缺失，其實在管理面的問題，其影響層面更廣更深遠，因此，現在的 TPM 管理活動，更已結合策略規劃，由高階策略面展開，集中焦點，並藉由 TPM 作為改善的工具，這樣做更能讓企業各活動緊密結合，達到資源有效運用。

　　把 TPM 適用到管理、間接部門時，基本上應該從以下幾個重點著眼：

　　(1)「事務工廠的想法」，將 TPM 適用到管理間接部門時，就應把該部門當作是收集、加工、提供情報的事務工廠的作法。事務工廠的想法可遠溯至 1960 年代，當時日本效率協會作業部（現今的株式會社日本效率協會諮詢中心）就有專門促進改善事務的小組，該小組早就已經有 "推動事務改善時，必須把事務視為工廠來進行" 的概念。

　　(2)「徹底降低損失」，站在事務工廠的觀點上，就會發覺原來事務也和製造工廠一樣有阻撓事務效率的損失存在，生產工廠所進行的 JIT（Just In Time），也可以適用到事務部門。

　　另一個效率化的主題，則是同步工程（Concurrent Engineering；CE）的實施，尤其在研發設計方面，這算是管理、間接部門效率化的重要主題，從這個角度來看，為了縮短開發到量產的期間，並確保產品的不良不會由設計端所造成，robust 設計也是很重要的。

Step12. 建立安全、衛生與環境的管理體制

　　安全是一切的根本，TPM 任何活動，都是架構在這個基本前提下進行的，任何作業動作或環境只要違反安全的思想，都會被列為首要且緊急改善的重點。在 1989 年新的 TPM 定義中第二點提到「在現場、現物架構下，以生產系統整體生命週期為對象，追求零災害、零不良零故障，並將損失防範於未然」，特別提到零災害的概念，對於最近三年曾經發生災害的企業，基本上是沒有資格參與 TPM 優秀獎審查的，這點充分展現 TPM 從設備面切入的「人—機一體」概念。

　　在執行上，除了可以透過 ISO 14001 或 OHSAS18000（Occupational Health and Safety Assessment Series 18000）的系統建立之外，採用簡單的 KYT（Kiken Yochi Training；危險預知訓練）及安全操作的愚巧法（mistake-proofing）也是必要的。

Step13. TPM 完全實施與水準之提昇

　　上述活動實施一段時間後，可將 TPM 優秀獎及其進階的獎項當成活動過程的成果驗證，依不同程度的內容，每隔 3~5 年便可申請一次，如此可以確保執行的動力與挑戰性，對水準的提升頗有幫助。

　　通常到達挑戰 TPM 優秀獎的水準，大致上是從導入開始三年以上的時間，並且勞動生產性提升 30%、附加價值生產性提高 20%，製造成本降低 30%、設備總合效率 85%以上、突發故障件數降為原來的十分之一或百分之一、工程不良降為十分之一、客戶零抱怨、零災害、提案件數每人每月 5～10 件、乾淨的職場環境等。

　　當然，TPM 各個主題如自主保全、個別改善、計畫保養等的活動展開案例，都能達到 TPM 優秀獎的評審水準。

第四章　TPM 實踐的關鍵工具

第一節　設備總合效率（OEE）

　　TPM 是一種全公司性的改善活動，主要焦點在於提升設備的效率以及延長其使用壽命，進而對整體生產成本的有效控制。TPM 可以說是 Lean manufacturing 中非常重要的活動，因為很大的浪費是發生在生產過程，而衡量生產過程中設備是否有效率運作的指標，當屬 OEE 最為恰當。

一、OEE 是什麼

　　OEE，英文是「Overall Equipment Effectiveness」，中文則翻譯為「設備總合效率」；OEE 是實踐 TPM 過程中，衡量設備關連損失，並加以改善，以達成設備效率化的一種方法。

　　OEE 的組成是由三個指標所組成，分別是監控設備的妥善程度的時間稼動率、瞭解設備運作績效的性能稼動率及設備產出產品品質狀況的合格品率（或稱良品率），　其計算公式表現如下：

OEE＝Availability　×　Performance efficiency　×　Quality rate

設備總合效率＝時間稼動率× 性能稼動率 × 合格品率

要特別提醒的是，OEE 它衡量的目的在設備及製程的改善，而不是對人的評價，而 OEE 這個數字的管理重點在於改善，因此掌握造成 OEE 低下的各類型損失內容乃成為 OEE 計算的重點。許多人誤會了 OEE，它所追求效率，不光只有數量，良好品質也是重要的一環，在 OEE 所談的是 effectiveness（效向）而非單純的 efficiency（效率）。

二、OEE 不僅在衡量產出的數量多寡

有些公司會以產出量來進行 OEE 的計算，這樣容易很產生一些霧區，如果我們只在乎 efficiency，亦即在相同時間內，設備實際產出數量與理論上能夠產出數量的一種比較，則只要衡量設備的 performance 就可以了，但別忘了，除了 performance，OEE 還包括了另外兩個 factor：

Availability—設備原本可用來生產的運轉時間與設備實際可以用來產出產品的時間比較。

Quantity—生產數量與符合客戶規格的產出數量的比較。

這是什麼意思？這說明我們在衡量一部設備的效率，不光是去看它的生產速度有多快，若拼命運轉但都是不良品也是白白浪費成本，因此還必須注重它實際產出的產品是否都符合客戶要求的規格，除此之外，設備是否在需要從事生產的時候，都可以正常工作的，這也是確保 JIT 的重要關鍵。

更深入一點地說，設備總合效率談的內容為：

Availability 是指在設備需要生產的時候，它可以用來生產的時間比例。

Performance efficiency 是指在生產的時候，有效率生產的程度。

Quality rate 則是指，花了時間生產，也拼命生產一堆了，到底有多少比例是符合客戶要求的規格。

一個完整的 OEE 值，是上面三個 factor 的乘積（簡稱 APQ），因為 OEE 談的是 effectiveness，而且必須充分掌握造成其 losses 的項目才是關鍵。

三、指標的目的在於改善

OEE 這個指標，不是評鑑人的方法，它是改善設備或 process 的周密指標。它如同日常運作過程中，設備條件的快照，這些快照的內容，是提供給管理人員一個公開的資訊，用以解決、改善設備相關的議題。因此，組成 OEE 的各項資訊，應該是透過日常運作收集，並且把它放在生產現場附近，而不是把這些資料作得漂漂亮亮，然後放在電腦中或者存放在辦公室的檔案夾中。

讓直接操作人員與現場領班可以非常容易就看得到這些資訊，並且思考如何改善，才是收集這些資料的主要目的。

OEE 值，不是只要看整體值的高低，更重要的是要能夠清楚構成 OEE 的三個 factors 以及每個 factor 中的 loss items 到底是如何在變化的，掌握這些 loss items，然後透過小組成員共同思考改善的方法，一步一步改善，使設備有更佳的整體效率表現，才是統計 OEE 的主要目的。

四、OEE 的結構及設備運作的損失項目

與設備相關的損失可以分成很多種，一般常見的六大損失、八大損失等分類，沒有所謂新舊對錯之分，在 OEE（Overall equipment effectiveness）的三個 factors 中可以表現出來，每個 factor 中各包含二個重大的損失項目（Six major losses），分別是與 Availability 有關的 1.設備故障、2.model change 及其調整（包括生產過程輔料的補充）;與 Performance 有關的 3.小停止、4.運轉速度降低；及與 Quality 有關的 5.暖機階段的不良、6.重工與報廢。

OEE 的損失結構如圖 4-1-1 所示。

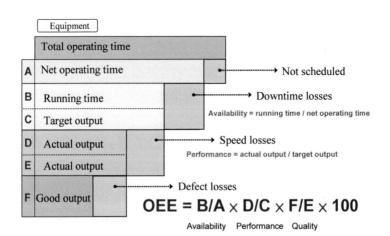

圖 4-1-1 OEE 的結構與設備相關的損失項目

　　其中 not scheduled 一般包含午餐、交接班、設備點檢、定期停機維護等時間，當然，如果沒有安排生產的時間，例如當日訂單量不足，不需要用到設備所有可運轉的時間，理論上也必須放到 not scheduled 的時間中。

　　至於有哪些項目列入 not scheduled 中，每家公司有不同的作法，重點是必須要定義清楚，明確項目別及其內容，如此才不會引起資料收集上的困擾。

　　在上方結構圖中，Availability = B / A。其中 A 的部分，是 Total operating time 扣除 not scheduled 的時間，亦即 Net operating time，理想上，我們期望設備在這段時間能充分發揮於生產上，不過，有時候設備發生故障、有時候牽涉到 model change，有時生產過程中必須停止設備運轉以補充輔料，例如 TFT LCD 模組生產過程中換無塵布、ACF 等，這些時間都算是 downtime losses。

　　所以 Net operating time 扣除 downtime losses 的時間，剩下就是設備真正用來生產產品的 Running time（B）。

　　我們再把圖 4-1-1 放到下面，以方便讀者參考。

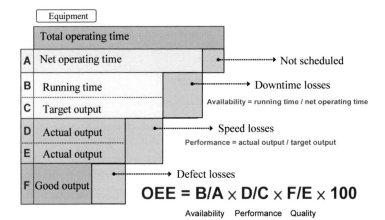

在上方結構圖中，Performance = D / C。其中 C 的部分，是 Running time，這邊稱為 Target output，也就是說這段時間設備是在運轉，且有產品持續產出的。

理想上，我們期望設備生產的速度與原廠設計的速度一樣，甚至更快，以充分發揮購買設備時的預期投資效益，然而，通常會發現不知何故，設備設計速度往往比實際應用時的速度要快很多，甚至本來應該平順生產的，但是卻老是生產一段時間後就會不預期的卡料、定位錯誤小暫停，要不然就是速度稍微加快，就產生一堆不良品，這類型的損失在連續型生產設備常常可以碰上，例如大型柔印機、輪轉機等尤其明顯，這種狀況都會讓設備無法產出預期的數量。這部份就屬於速度上的損失，即 Speed losses。

所以 Target output 扣除 Speed losses 的時間，剩下就是設備真正跑出產品的 Actual output 的時間（D）。

在上方結構圖中，Quality rate = F / E。

其中 E 的部分，是 Actual output 的時間，也就是在前面 performance 中所說的，設備實際生產產品數量的時間。

理想上，我們期望設備生產得又快有好，所謂好，是指符合客戶要求的規格。然而，有時候會發生產品製造不良，這些不良可能的原因來自於 process 的 input 端，也可能來自於 process 本身，不過 process output 時如果是不良品，不管對自己或對客戶而言，是沒有價值的。

因此，我們在衡量設備是不是好的，就要關心這部設備在拼命生產的過程是不是都生產出符合客戶規格的產品，亦即 Good output（F）的部分有多少，因為只有好的東西才能轉換成金錢，對企業、對個人收益才有幫助。

[OEE 練習]

A 公司每班上班總時間為 540 分鐘，其中用餐時間與休息為 60 分鐘，上班前的交接班為 10 分鐘，每班操作前點檢時間額定為 10 分鐘。

9 月 25 日每班訂單量為 10k，每個的生產標準時間為 2.76 秒，當日 model change 與調整總共花了 30 分鐘，設備在運轉中發生故障與修復總時間為 15 分鐘。

另外，在這一班生產過程中，小停止發生 10 次，每次小停止額定估算值為 2 分鐘，最終實際生產量為 8k，其中還包含 238 個報廢品，以及 312 個產品必須重工，在這 238 個報廢品中，由於原材料不良引起的報廢品有 38 個。

請分別計算這一班的 Availability、Performance 以及 OEE 值。

第二節　點滴教育（OPL）

　　在 TPM 的推動過程中，都是以小集團（小組）的方式來展開相關改善活動，而改善活動過程，會牽涉到的教育、知識儲存，除了透過標準化程序來進行外，還有一種方式也可以很簡單的在現場運用，就是與自主保養三大法寶之一的 One Point Lesson（單一重點教育，也有人把它翻譯成「點滴教育」）。

一、點滴教育是什麼

　　所謂點滴教育，乃是「自己將設備、機器的構造、機能、點檢的方法，一個項目以一張表來彙整，在 3~5 分鐘內可以自我學習」的一種方法。

　　在一般企業中，通常比較重視「教」的部分，亦即以體系化的結構進行集合教育，而對於「育」的部分，則沒有那麼有系統的進行，所謂「育」，最主要是以 OJT 的方式進行的。然而工作過程中的經驗，不管是成功的經驗或失敗的經驗，對於工作技巧的精進，都有非常大的助益，當然，除了靠工作時間的累積之外，更重要的是應該要有一套方法，能夠把這些經驗累積下來，作為傳承的寶庫，當然這得簡單易行才可，否則實務上應用就會碰到挫折，要有效長久運用就很困難了。而點滴教育正好具備簡單易用這個特點。

二、點滴教育的功能

點滴教育主要是用來描述三個重點：

1.工作知識與工作技能

2.問題

3.改善

因此，點滴教育基本上可以作為上述三項重點的溝通用，另外短時間內提昇工作者的知識與技能、在任何時刻需要時，都可以很簡單的看到，除此之外，點滴教育對於提昇工作者的溝通水準也有不錯的效果。

三、點滴教育如何產生

點滴教育在製作時，原則上可以自己想、自己作、自己教，典型的點滴教育分成四個步驟：

1.首先，由小組中的一個人準備一張紙，將想法呈現在這張紙上

2.撰寫者向其他成員解說內容

3.小組成員討論，提供可以改善的意見

4.產出一張清楚、可靠的 OPL

另外一種方式，也可以很簡單的產生一張 OPL：

1.拿一張紙（可以參考本書提供的 OPL 格式製作）

2.寫下 OPL 的主題及類別（自主保養、品質、安全……）

3.把要表達的重點用簡圖及少數幾個字描述清楚

4.若有牽涉到技術確認的，記得要向相關人員確認清楚，然後交給 TPM 小組長 approve

5.把它 show 給其他成員看，當成教育資料運用

四、點滴教育要能成功的要素

點滴教育表面上看很簡單，正因為這樣，所以容易使用是他的特色，然而，也因為看起來簡單，所以常常會不小心就被亂用，把握住以下幾個要點，便能使點滴教育成為有力量的工具：

1.不論哪類型的案例都可以當成基本素材

2.一張紙僅寫一個重點

3.要盡量簡單與清楚

4.確認事實與所描述的一致

5.讓所寫的內容對每個人有幫助

簡單的說，內容要能在短時間內講完，最好不要超過 5 分鐘，而且儘可能用圖示的方式來表現，字越大越好，這些都是重要的關鍵點。

五、點滴教育的撰寫案例

點滴教育撰寫時，分成五個部分，如圖 4-2-1 所示：

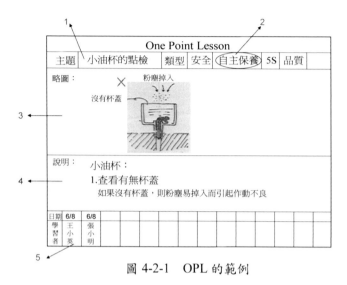

圖 4-2-1 OPL 的範例

1.主題：說明這一張點滴教育的焦點
2.類型：依據所要傳達的內容、知識進行歸類
3.略圖：將所要傳達的內容，用簡單圖形來表達
4.說明：以簡要的文字，說明點滴教育的內容
5.學習者：當點滴教育作好之後，與其他人分享，接受
　　　　　分享者的簽名處

第三節　MTBF 與 MTTR

　　談到設備管理，最基本的管理議題，應該屬於設備的可靠度管理 MTBF，尤其是 key spare parts 的管理，它牽涉到設備保養、設備壽命、設備或零件的可靠度以及相關費用的管理，從這之中，還可以衍生出設備維護的品質，而設備的維護品質則與維護人員的技能水準有很大的關連，因此，在某些場合，衡量設備維護人員的技能純熟度，便可透過維修時間的相關指標 MTTR 來衡量。

一、MTBF 是什麼

　　所謂 MTBF 是 Mean Time Between Failure 的縮寫，中文一般簡稱為「平均故障週期」。從字面上，可以大致理解該指標是在衡量本次故障發生與上次故障發生的間隔時間長短，這說明，若 MTBF 數字愈大，相對發生故障的頻率就愈低，亦表示被衡量對象的可靠度愈高，若設備的 MTBF 時間愈長，說明故障發生的頻度愈少，也就是設備愈可靠，如果是 parts 的 MTBF 愈長，表示這個 parts 相對壽命就比較長。

　　從設備管理的角度來看，如果 MTBF 愈大，則設備故障次數少，相對地因為設備故障而引起生產中斷的次數就比較少，因此，生產成本、交期的管控度就比較好，這便是設備管理中對生產的重要貢獻。

二、MTBF 衡量指標的主要目的

MTBF 這個數字，可以用在管理可靠度相關的工作上，例如：

◎零件壽命周期的推估

◎最適修理計劃的訂定依據

◎點檢項目、基準的設定依據

◎修理備品的庫存基準

◎提供設備信賴性、保養性設計的技術資料

三、MTBF 的計算方式

簡單的 MTBF 計算，可以採用以下公式：

MTBF = 1/（sum of all the part failure rates）

若要計算某個元件在 T 時間內正常運作而不會失效的機率值，則可以用：

R（T）＝ exp（-T/MTBF）

例如，某個元件的 MTBF 是 230000 小時，則在六年內（52560 小時）可以正常運作的機率值為：

R = exp（-52560/230000）＝ 0.795709

也就是說，在六年內，這個元件可以正常運作而不失效的機率約為 79.57%。

一般來說，因為一部設備的某個元件失效，將導致這部設備無法正常運作，所以通常會以一部設備或整條生產線為單位計算 MTBF，這是可以理解的，這樣的值，主要是用來

瞭解生產線整體的設備穩定度；不過，如果要將 MTBF 用在 key parts 的備品管理及點檢上，以降低整體維護的成本，則必須適度記錄各種 key parts 的失效資料，以作為進一步分析用。通常，這類型分析資料有助於預防保養及備品的管理，因此，若能善加利用，對於計畫保養項目的安排、備品成本的合理化會有很大的幫助。

四、MTTR 是什麼

所謂 MTTR 是 Mean Time To Repair 的縮寫，亦即故障後至修理完成復機的平均時間，簡單的計算方式就是以「修理時間的總和÷故障次數」來表示；MTTR 被用來衡量一個系統性的 maintainability 指標，MTTR 的值愈低，表示修復的時間愈短，系統的易維護程度愈高。

五、MTTR 指標的基本用途

在一個企業，可以把 MTTR 這個指標簡單用在三個地方，第一是衡量設備的機構設計是否容易維護，機構設計者在一開始是否考慮到將來設備運作時的定期維護與失效維修容易度，都會直接影響該設備的生命週期成本（LCC），因此，MTTR 指標在一定程度上可以瞭解設備的易維護程度，這個資訊可以作為設備購買時的重要參考。

另一方面，MTTR 與可以用來衡量不同維護人員對於相同元件維修的技能水準是否一致，作為訓練維護人員的參考依據。

　　第三方面，則是搭配 MTBF，預測設備失效時對生產有多少程度的衝擊，以作為生產計畫的相關因應調整。

六、MTTR 指標的誤用

　　MTTR 由於可以用來統計不同維護人員對於相同元件的修復時間，因此，有些企業將這個指標用在作為維護人員的能力考核，這是不建議使用的方向，從人性的角度來考量，這樣會很容易讓指標的真實性無法呈現，因此，轉換成訓練以提升其技能水準的方式，才是這個指標在訓練上提供的重要價值。

第四節　PM Analysis

通常在導入 TPM 之前，普遍上用來解決問題的手法，比較偏好以層別為核心的 SQC 相關工具，例如 QC 7 手法、實驗計畫法、多變量分析等等，其主要原因在於這些方法比較簡單易學，不過也由於 SQC 相關工具在分析的想法上，主要是以重點導向與假設之間的比較，因此，對於某些問題的解析徹底度來說，存在著一定程度的落差，而 PM 分析剛好可以補充這方面的不足。因此，在解決問題的過程中，應該適度融合 SQC 以及 PM 分析的手法，這樣對問題的解決會更有幫助。

一、PM Analysis 是什麼

所謂 PM Analysis，一般常會誤以為是 TPM 中的 PM 兩個字，其實並非 Preventive Maintenance 或 Productive Maintenance 的縮寫，而是指 Phenomenon（現象）- Physical（物理的）與 4M（Man, Machine- Mechanism, Material, Method）之間的關連分析。

因為多數人思考，都是用以前習慣的系統、推論和以前幾個藥方，來處理沒有發生過的問題，PM 分析其基本哲理在於彌補這種思考的弱點。

基本上，PM 分析是一種對事物系統性的看法與想法，而非單純的改善方法。PM 分析是將慢性故障及慢性不良等

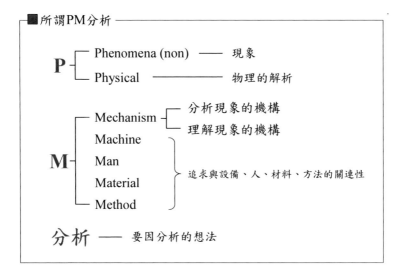

現象，依其原理、原則進行物理的分析，以明瞭不正常現象的機構，並依據原理考慮所有會影響的要因（4M），列表加以分析，為了要進行要因分析，所以要求作要因系檢討，以找出所有缺陷，達成「零」的目標。

　　PM 分析與大家熟悉的 SQC 手法，兩者的特徵比較，如圖 4-4-1 所示；PM 分析是採演繹式的想法，從原理原則的適用性著眼，然後與應有的型態進行差異比較，將差異點全數消除；而 SQC 則採歸納式的想法，從事實觀察著眼，經過層別、集中，然後透過幾次的歸納分析，得出最適條件。由於兩者的切入點不太相同，因此若能充分融合運用，對於問題的解決將會有很大的幫助。

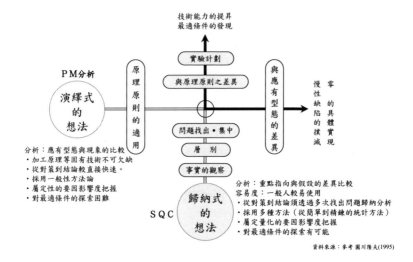

資料來源：參考 園川隆夫(1995)

圖 4-4-1 PM 分析與 SQC 的組合效果與特徵比較

二、PM 分析的步驟

典型的 PM 分析，一般分成九個步驟，分別是 1.現象的明確化；2.現象的物理分析；3.現象的成立條件；4.檢討設備、治工具、材料、方法、人之間的關連性；5.檢討應有的狀態（基準值）；6.檢討調查方法；7.指摘出不正常的部位檢討調查方法；8.實施復原及改善；9.維持管理。分析表的格式如表 4-4-1 所示。

表 4-4-1 PM 分析表

現象	物理的解析	成立的條件		與M的關連性		測定方法	調查		判定	對策	結果
		項目（圖示）	容許值	項目（圖示）	容許值		測定值	對品質的影響			

設備運作、加工原理、原則的適用

現象的明確化

　　這其中比較困難入手的地方，是在物理的解析這個部分，所謂「物理」是指「現象」的關係機構運作過程中物理性質說明，一般會以物理量的形式描述，所謂物理量，如基本單位的長度 L、質量 m、時間 T，絕對單位如面積 A、體積 V、密度 p、速度 v、加速度 a、力 F、力矩 M、角度 θ、角速度 ω、慣性矩 I、震動數 n,f,v、動量 mv 或其他如溫度、電位差、電阻、比熱、電流等。

　　為了能夠清楚說明物理的解析這一部份，通常採用手繪關係機構圖，這時，就會讓我們對於相關運作機構的作動原理更清楚，換句話說，當我們在探討這些作動原理時，是從產品與設備機構兩者的關係介面著眼，例如典型的 PM 分析

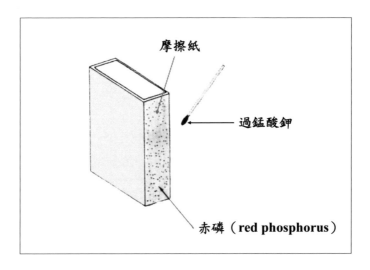

摩擦紙

過錳酸鉀

赤磷（red phosphorus）

教案中「火柴無法點燃」的例子，物理解析的描述就是從火柴與摩擦紙的介面來描述，其物理的解析便可以熱量為重點，「火柴頭的過錳酸鉀與摩擦紙，摩擦時無法達到點燃的摩擦熱量」。這種物理的解析，仔細分析其結構，可以分成兩段，第一段是談關係物（火柴頭及摩擦紙），第二段則是描述無法點燃的物理性質。只要掌握住這種兩段式描述的原則，便能以較輕鬆的方式來完成物理的解析。

　　另外在「現象」的描述，應該盡可能將現場觀察到的事實描述出來，尤其是各 line、model 間是否有差異，現象的發生頻率、特徵是否夠清楚，這也會影響到問題分析的有效

性，因此，現場觀察的深入程度也是非常重要的。

三、PM 分析的重點

　　初次進行 PM 分析的時候，常常會讓人覺得這個方法很困難，這通常發生在於使用 PM 分析法並無法像使用 QC 七手法一般，PM 分析法的運用是建立在瞭解「設備機構的運作、加工原理原則」基礎上，因此，如果在未對機構運作原理、原則深入瞭解之前，這個方法在一開始的現象描述及物理解析便會碰到阻礙，很多人雖然學了 PM 分析的手法，但卻無法運用的原因通常也在於此。

　　因此，在運用 PM 分析手法之前，應該要對下列事項進行深入的理解，這樣才能順利發揮 PM 分析的功效：

- 遵守「Never assume – always check」的精神
- 不能有「由過去經驗，這個不會構成問題，所以沒關係」的想法
- 「這個要因無關緊要」這種思維要避免出現
- 設備是由什麼機構、構造組成的？
- 是由哪些零件組成？
- 各個零件的機能是什麼？
- 各個零件的安裝狀態是什麼？
- 各個零件所要求的精度為何？
- 設備是依據什麼原理成立的？
- 設備控制原理以及測定原理為何？
- 不能只以組件來分析，要考慮以零件為單位來分析

第五節 目視管理（VC）

在管理的過程中，我們總是希望一切事情的盡可能準確、即時在掌握之中，或者在發生的時候，能立即掌握其訊息，如此，便能即時採取預防管理的措施，使工作現場維持在正常的控制狀態，而目視管理便是其中一項簡易有效的管理工具。

一、目視管理是什麼

目視管理（Visual Control）或稱為可視化管理，其基礎是用眼睛發現設備的異常或管理的異常，透過目視化的作法，任何人都可以毫不猶豫、容易地判斷其狀態為正常或異常，如此可以在發現異常時，立即採取矯正措施。

雖然多數企業在進行 5S 時會採用這個方法來協助活動的進行，但目視管理並不限定於 5S 中使用，一般目視管理可以分成流程、交期、品質、技能水準、作業、物品、設備或夾治工具等八大類型的管理，它的主要定位應該比較偏重在「維持管理」中「易於維持」的角色，也就是要能夠簡單維持，應該要進行哪些項目的目視化。

二、目視管理的展開步驟

目視管理可以簡單採用以下五個步驟來展開，分別是：
Step 1.想清楚目的、目標

　　Step 2.分類，亦即目視管理的八大類型（如果企業有特
　　　　　別的需求，亦可酌予增刪）

　　Step 3.確定八大類型的問題與改善需求

　　Step 4.執行目視管理系統

　　Step 5.落實的跟催

三、目視管理的範例

　　目視管理實施前，應將相關標準制訂下來，以便進行教育及標準化實施的落實度跟催，標準書的寫法可以參考以下範例。

目視管理實施基準書	編號	BWC-V01	制訂單位	發	06年12月25日
			QAF1		高
主題：製程停機顯示板				行	

※目標：

　能夠即時瞭解各製程發生重大停機的狀態，以便快速處理。

※內容：

　設立製程即時顯示問題點的看板，以縮短處理問題的時間。

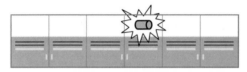

品質問題 ◄──	Q	1	2	3	4	5	6
設備問題 ◄──	M	1	2	3	4	5	6
待料問題 ◄──	D	1	2	3	4	5	6

　當製程某一站發生不正常現象時，依據發生的類型，
在線上按下相關按鈕，可以連線到監控點，讓相關部門
即時做出處理行動。

※注意事項：

　處理完成，確認正常生產後，便可在線上按下取消鍵，
以便系統記錄停機時間。

圖 4-5-1 目視管理實施基準書範例

第六節　危險預知訓練（KYT）

SAFETY，乃是一切活動的根本。SAFETY 是一種行為，主要在塑造每個人都能安心工作且健康愉快的工作環境。除了教導每位工作者瞭解正確的安全行為，同時也要提升其安全意識，而透過 KYT（Danger Prediction Training - Training on KYT technique）來進行，是一項普遍的作法。

一、KYT 是什麼

所謂 KYT 是　Kiken：危險　Yochi：預知　Training：訓練　的縮寫，其重點在於：1.將工作場所中隱藏的可能危險顯現化，以降低傷害；2.透過小組的方式一起思考、一起體會，以發揮生命共同體之同袍精神；3.培養在行動前就能將問題先解決的習慣。

這是一種系統性思考的訓練，一般危機處理的結構性訓練也可以參考這個精神來進行，當然藉由活動過程中讓每個人養成發現潛在問題的能力，也

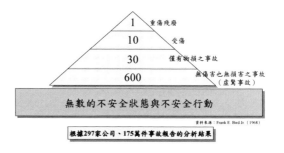

圖 4-6-1 災害發生之金字塔示意圖

有助於管理工作品質之提昇。

　　一般對於安全的防止會從已發生有形損失的事件進行分析、對策，不過，這種事後分析的效果極為有限，如圖 4-6-1 所示，發生事故的原因，是由一大堆未造成有形損失的不安全狀態與行動所累積而成，因此，要塑造一個零災害的環境，必須深入發掘不安全狀態及不安全行動，並針對這些項目實施改善措施，而運用 KYT 來發掘這些項目，則是比較簡單易行的方法之一。

二、安全衛生上需要特別關懷的作業

　　1.需要特別用力的動作

　　2.需要不自然、不合理姿勢的動作

　　3.需要高度注意力的動作

　　4.健康上無理的動作

　　5.作業者不喜歡的動作

三、安全活動的重點順序

　　1.建立安全管理體制（圖 4-6-2）

　　2.安全規則、基準的制定

　　3.安全教育訓練（KYT）

　　4.設備、機械、環境之安全問題改善

　　5.定期循環確認標準書的執行與修正狀況

　　6.培養每位成員自主危險預知的能力

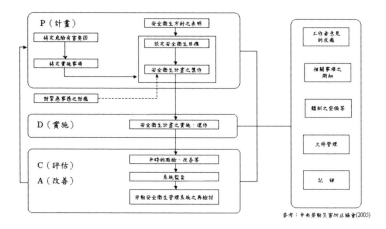

參考：中央勞動災害防止協會(2005)

圖 4-6-2　勞動安全衛生管理系統相關流程圖

四、作業方面的安全改善重點

1.需有問題意識檢討現行作業方法，掌握危險或有害要因。

2.選定應改善的作業

・危險有害的作業

・災害多的作業

・安全衛生上需要特別關懷的作業。

3.聽取作業者的意見，獲得他們的協助。

4.瞭解作業改善的手法

・從刪除、結合、重新組合、簡單化著眼。

5.實施新方法

五、KYT 的類型

KYT 一般分成三角 KYT（如練習題所示）與小組 KYT

（表 4-6-1），進行時，每個小組每週提出一個潛在危險問題，進行分析並與其他人分享。不論三角 KYT 或小組 KYT，其實都比較期望有一組人共同討論，除了集思廣益之外，也可以透過討論過程共同建立對潛在危險的認知。

[KYT 練習]

這是一個典型的 KYT 練習題，簡單的圖案與動作，可以讓我們充分討論這個作業過程中，究竟潛藏著哪些安全隱患。

狀況：A、B 兩人搬運成品，假設 A 在前面拉推車，B 在後方推成品箱。

請問：您看到這樣的動作，究竟其中隱藏著怎樣的危險？
請將潛在的危險位置，用三角形標示出來。

　　另外，搭配三角 KYT 的討論，將其做成書面資料，以報告的形式來呈現，則可以利用表 4-6-1 的格式，討論後除了對策之外，也會包含意識強化的 slogan，對於每日交接班的安全確認會有很大的幫助。

表 4-6-1 KYT 報告表

危險預知訓練（ＫＹＴ）報告　　日期：　年　月　日　　場所：

小組名稱	小組長	記錄者	發表者	小　組　成　員

主題：

NO.	評價	大家一起討論潛藏著怎樣的問題點 (以-因～致～方式記入)	NO.	評價	大家一起討論潛藏著怎樣的問題點 (以-因～致～方式記入)
1			11		
2			12		
3			13		
4			14		
5			15		
6			16		
7			17		
8			18		
9			19		
10			20		

將以上各點中，危險的重點標示：(空白)、○、◎，然後把標示◎記號的項目寫到下方各欄中。

評價 ◎記號 NO	危險要因(問題要點)	大家一起來想想，如果是你你會作怎麼的對策？		實施重點評價※	在實施重點評價打※的地方，設定以實踐該對策的目標主題 (以Slogan的方式來表現) 小　組　目　標
		1			
		2			
		3			
		4			
		1			
		2			
		3			
		4			
		1			
		2			
		3			
		4			
		1			
		2			
		3			
		4			

第三部份　個案篇

　　第三部份的內容介紹一家中日合資企業的 TPM 活動案例，之所以選這個個案，主要是因為其導入的時間算蠻早的，所以，活動內容並沒有太多其他導入 TPM 企業的影子，因此導入過程的相關活動，有非常多是來自於企業內部討論的結果；另外一個原因是在挑戰 TPM 優秀獎之前的活動期間長達六年以上，所以落實度應該非常高。在很多企業急於求一時之成效，而忽略落實基礎活動對企業長遠發展之重要性，這個案例應該可以提供一些令人深思的地方。

第五章　TPM 的導入之案例介紹

第一節　個案之導入背景

　　〔個案企業〕為日本在台合資的企業，2005 年 5 月員工人數約 1700 人，經營理念是「經由提供一流的產品與一流服務，帶給國家與全世界人民嶄新的感受與豐裕的生活和休閒空間。」，並依照「不畏艱難、銳意創新」、「建立開朗、朝氣的工作環境」、「供應高品質、合理價位的產品」、「回饋國家社會與人們」來展開企業活動。

　　〔個案企業〕自 1987 年創辦以來，商品及市場得天獨厚，獲得順利的成長。但是，到了 1990 年隨著市場的變化，為了因應日趨競爭激烈的環境，有必要改善企業的體質，於是導入了 TPM 活動。而其導入前後的重要企業管理活動包括了改善提案、小集團活動、5S 活動、管理本地化活動、國家品質獎及 TPM 繼續獎等（圖 5-1-1）。

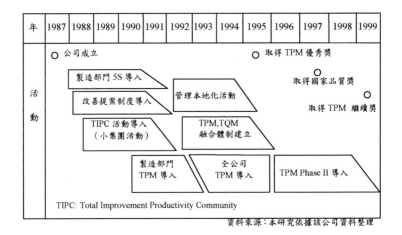

圖 5-1-1　重要管理活動導入日程

　　該公司董事長描述導入當初，「在台灣不知能否順利的進行 TPM 活動？」又「活動成果與經營目標不知能否連貫得上？」等等有很多不放心的地方。參與初期導入工作的一位高階主管說：「當時母公司雖然已經取得 TPM 優秀獎好幾年了，但是，幾位日籍駐在人員都表明不希望由日本母公司直接 copy 過來，大家也認為台灣公司應該嘗試做出有獨特特色的 TPM 來，因此，一開始大家都抱著摸索與學習的態度在進行。」而也因為如此，不同於一般企業導入 TPM 的典型八大支柱，〔個案企業〕的 TPM 活動支柱中特別加入了「企業活動之本地化」。

第二節　TPM 活動的支柱與目標

如同前節所述，一般公司導入 TPM 時，都採用典型的八大支柱，亦即（1）設備效率化的個別改善；（2）自主保養體制的確立；（3）計劃保養體制的確立；（4）MP 設計和初期流動管理體制的確立；（5）建立品質保養體制；（6）教育訓練；（7）管理間接部門的效率化；（8）安全、衛生和環境的管理。而為了做出具台灣本地公司獨特的特色，該公司設定活動為七大支柱。分別是（1）5S 及自主保養；（2）計畫保養；（3）品質保養；（4）個別改善和生產性向上；（5）教育訓練；（6）業務之效率化；（7）企業活動之本地化。這七大支柱與各部門之關係如圖 5-2-1 所示。

支柱＼部門	開發部門	營業部門	採購部門	管理部門	生產部門
5S・自主保全	事務5S(自保)	事務5S(自保)	事務5S(自保)	事務5S(自保)	5S・自主保全
計劃保全	─────	─────	協力廠商之指導	─────	保全課為中心
品質保全	牽涉到新機種之開發	─────	協力廠商之指導	─────	部內全職場
個別改善和生產性向上	─────	─────	協力廠商之指導	─────	部內全職場
教育訓練	全公司階級別、職位、職能教育(包含ＯＪＴ)				
業務之效率化	開發業務系統	販路整備搬送效率	協力廠商之養成	提高事務業務效率	─────
企業活動本地化	現地政策確立，透過全部活動的主題展開來推動本地化				

資料來源：TPM實施概況書(1995)

圖 5-2-1 TPM 活動七支柱與部門關係

基於全面性的展開，對於每個主題、部門也必須訂定相關的
活動目標，以便彼此之間充分瞭解目標的方向性與協同性，
將這些目標及概念組合起來，便成為活動概念圖（圖
5-2-2），並以「世界品質」為基礎概念，透過 TPM 活動來
強化經營體質，達成「世界顧客滿足度 NO1」的總體理想。
具體目標方面，則以「經營目標之達成—勞動生產性 1.5 倍」
為總目標，「直接能率 1.5 倍、市場佔有率 33%、不良發生
率 1/5、設備總合效率 90%、事務效率 1.5 倍、突發故障 1/10、
零災害」等七個項目為細部目標。

　　由於 TPM 強調的是全員參與的精神，因此，在活動概
念上，是以全員都能參與的「安全活動、小集團活動」為基
礎來發展，其他的活動則依照圖 5-2-1 中的部門關係來設定
活動目標。

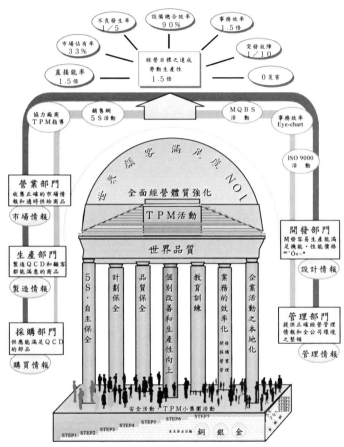

資料來源：TPM優秀獎發表資料(1996)

圖 5-2-2 TPM 活動概念圖

第三節　TPM 活動的推動組織、機能與展開日程

　　TPM 活動的組織（圖 5-3-1），自上而下，分別是「本部推進委員會」、「部門推進委員會」及「課推進委員會」，本部推進委員會的機能為：（1）制訂長期計畫；（2）制訂基本方針、年度方針；（3）決定審議事項。該委員會設有本部事務局，由經營企畫室成員擔任，主要機能是制訂中長期計畫與方針案、召開本部委員會議及活動相關的支援。另設有六個專門委員會：提案改善委員會、成本下降委員會、本地化活動委員會、5S 活動委員會、教育訓練活動委員會及 ISO9000 活動委員會。這些專門委員會依照各時期的任務、目標不同，會有階段性的臨時編組，所以這些專門委員會並非常設。而五個本部推動時，依照實際需求，會設立部門事務局，通常都是該本部人員兼任，不過生產部門則因為組織較大，而且活動內容很多，因此，在 1991 年 5 月設立 TPM 推進課，專責規劃與推動生產部門的 TPM 活動，該課人員由最初的 3 人，至 1995 年增為 6 人。

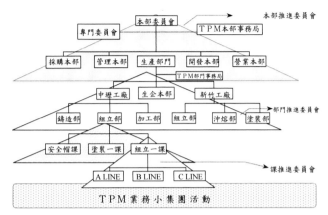

圖 5-3-1 TPM 活動推進組織

活動進行時，基本上先確立「以本地人員具備的優點，展開適合本地的 TPM 活動」這樣的原則，重點精神擺在「技術、技能的傳承、擴大」、「全員參加活動」、「人才的育成」三個主軸，並依時程進行活動之推展（表 5-3-1）。因此，活動時便考慮以下八個要點：

1. 5S 活動重新出發（PS. 這個活動之前已在公司進行約三年了）。

2. 要設定 MODEL LINE 及一般 LINE 來進行。

3. TPM 要先進行基礎教育。

4. 5S 的活動內容要往活潑化來思考。

5. 要辦一些活動來激起全員的關心。

6. 5S 活動除應有定期診斷外，還要作審查，因此要有評價項目。

7. 每年至少要有一、兩次發表會，以便結合目前的品管圈活動。

8. 初期規劃要每月定期舉行報告會，讓各主管瞭解進度
及請求其提供相關資源。

一位推動部門的成員這樣敘述：「我們在活動設計的展
開概念是來自於某位朋友的旅行經驗，這位朋友有一次在旅
行中參觀海灘的海龜孵化奇景，大家看著第一隻小海龜掙扎
著從沙堆裡冒出來，努力爬向遙遠的海洋，等到這隻小海龜
好不容易爬到海洋中那一刻，頓時有上百隻小海龜從沙堆中
湧出，爭相恐後爬向海洋的懷抱。

這個自然界的現象，卻好像推動 TPM 一樣，若先以
MODEL UNIT 推行一段時間，認為沒問題後，再全面水平
展開至一般單位或生產線（Nomal Line），如此必然好處多
多。」

因此，在生產部門選定 8 條示範生產線及 37 條準模範
生產線，這些示範線開放由各經副理認養，並結合生產技
術、品質保證、保養部門共同組成一個 Team，這些示範線
的活動過程，必須定期報告活動的成果，並針對活動內容作
成要點說明書，累積活動過程之經驗再依序橫向全面展開。

每六個月並進行一次 TPM 推進大會，由各部門發表活
動事例，以圖活動之活化，並且在公司內 116 個小集團中，
選拔優秀活動事例，其小組成員則派往日本參加 JIPM 主辦
的 PM 小集團事例發表會或日本〔個案企業〕的 Joint
Meeting，以獲得更多不同國家推動之經驗。

生產部門每個月還有每月例行報告會，由各課課長將各
月的活動狀況目標達成程度與活動推行上的問題點向總經
理與副社長報告。除此之外，還設有 5S、自主保養、PQA

（Perfect Quality Assurance）三種評價活動，作為各生產線及部門的活動水準認定。

表 5-3-1 TPM 活動大日程

活動項目＼年	1990	1991	1992	1993	1994	1995
整體重點活動	★ TPM活動KICK OFF		『TPM優秀獎』★ 受審宣言			特別指導 ★ 本審查
	推進組織編制	TPM・5S活動	做為全公司之活動來推動		活動效率化與結果指標連明確化	
活動主體		MODEL LINE 設定	準 MODEL LINE 設定			
5S 自主保全	目的：建立明朗有工作幹勁的工作場所	職場5S・事務5S活動		指導協力廠商之TPM活動 販賣網的5S活動		
				自主保全步驟式展開		
計劃保全	目的：建立零故障LINE	計劃保全步驟式展開		STEP1	STEP2	STEP3
品質保全	目的：建立PQA LINE	品質 P/J 活動	ISO 9002認定取得 ★	PQA 銅・銀・金水準認定		
				展開 CE 活動		
個別改善 和 生產性向上	目的：依據損失顯現化，建立效率化LINE	導入小集團活動		展開個別改善活動 (20大 Losses)		
		導入改善提案制度				
教育訓練	目的：培養對設備專門之人才	5S基礎教育	TPM基礎教育	全公司教育訓練體系的建立	開設保全道場	
業務效率化 及企業活動 之本地化	目的：推進以本地人為主體的企業活動		導入本地化活動	業務個別改善	現地政策確立	

資料來源：TPM優秀獎發表資料(1996)

接下來的章節，則分別描述幾個主要支柱的作法，以瞭解其中之特色。

第四節　個別改善與生產性向上活動

〔個案企業〕雖自 1988 年便開始導入改善提案制度，並以各工作場所為中心來進行改善活動，然而在問題分析的能力上顯得仍然薄弱，因此，TPM 活動擬從貫徹思考型的改善來著手。

一、導入前的問題

本活動展開前，最主要面臨到幾個問題，（1）在進行增產計劃時，主要生產設備能力不足，導致是否需要購置新設備的困擾；（2）在設備效率損失的概念上，當初以為只要針對故障來改善，就以為可以縮短 cycle time；（3）雖依 M-M CHART 而設定生產能力，但在評價實績方面的生產性之管理指標，則無法採用；（4）對於問題點的認識，仍不能充份的把握；（5）以人的觀點對作業所產生浪費的改善雖然有，但是對問題的思考仍不夠深刻，致改善的成果不彰。

二、活動的內容

個別改善活動自 1992 年導入時，由於當時的中文參考資料非常稀少，因此決定參考 JIPM 發行的 TPM 日文書籍，將有關設備總合效率、個別改善的實施方法譯成中文當教材，並以生產現場的組長為中心，進行教育。

另外，在〔Site A〕及〔Site B〕設定 8 條模範生產線，

展開消除生產部門之 6 大損失改善活動和藉由生技部協助
的以自動化物料搬送及其他自動化為中心的改善活動，其他
生產線則依其經驗橫向展開，以期提昇全體之生產性。

　　1994 後半年起，對於阻礙現有生產線的各種損失加以定
義，在生產相關的部分，規範 20 大損失，並且依定量損失
的掌握，明確出改善的對象。亦即，無論設備效率化或人員
效率化、因物流改變之整流化及自動化、省人化，甚至因不
良報廢、能源等原單位的效率化等等之提昇總合生產性都在
本活動中積極進行著，活動的幾個代表主題如表 5-4-1 所示。

表 5-4-1　個別改善與生產性向上活動主題

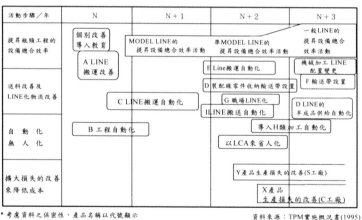

* 考慮資料之保密性，產品名稱以代號顯示　　　　　　　　資料來源：TPM實施概況書(1995)

三、活動的成果

個別改善與生產性向上的活動，具體的成效在於設備總合效率以及每年生產能力的提升，成果如圖 5-4-1 所示。

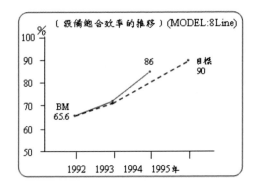

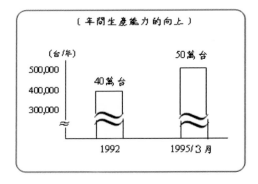

資料來源：TPM 實施概況書（1995）

圖 5-4-1 個別改善的成果

第五節　5S 與自主保養活動

在 TPM 導入以前生產場所的故障修理、點檢作業是屬於保全課的工作，一般所抱持的想法是，只要能夠維持設備表面的整潔就好了，因此，即使突發故障的發生率頻繁，但對此狀況的防範措施等改善活動也沒有徹底實行，生產活動還是繼續進行。

但是為了建立起自己的設備由自己來養護的自主管理體制（即培養精通設備之人才，自己維護自己的設備），就必須積極地投入 5S・自主保養活動。

一、導入前的問題

5S・自主保養活動導入之前，各部門都有存在某些問題，例如，鑄造現場的漏油及蒸氣外洩而導致突發故障率高；機械加工場所漏油及切削屑飛散而導致設備小停止及故障頻繁；熔接部門熔接煙霧及焊渣飛濺四散以致工作環境惡劣；塗裝部門在輸送帶的搬運過程中，由於灰塵的附著導致不良品的產生等等，都是蠻普遍的現象，因此，擬透過 5S・自主保養活動進行設備全面性的改善。

二、活動的內容

通常推出一個活動時，企業內部員工會開始反彈，自覺彈力不太夠時，會想盡辦法閃避，閃避不及時，就搬出「拖

皮摸功夫」，考驗推動者的耐力與智慧。對外銷售產品，重點在於吸引顧客自動上門來購買，產品要塑造成令人喜歡買、想買、不買很難過，甚至買不到很傷心的程度，推行活動，是不是也應該採用這個觀念呢？

而 5S·自主保養活動的導入的關鍵在於全員參加，亦即，對於職場的改善，能全員一起來活動。5S 活動乃是「以清掃的習慣化及以目視來進行管理」的一種活動，其乃是自主保全活動的基礎，而自主保全活動則是徹底追求問題點發生的真因及對策，並習得防止再發的手法，以及提昇個人知識技能為課題來賦予其重要的地位。

自主活動的倡導，根據該公司推動成員的說法，如果可以透過一個活動，讓大家自發性的來參與，則以後的相關活動，將會比較容易落實，而這個活動，應該定位在與參與活動者本身有直接的關係。

推動初期，正值公司旺季，為了不影響生產，大家決定利用早上上班前來進行，這真是一大考驗，因為公司上班時間是 7:45，為求整數好記，決定活動時間為 7:30，而這一天就訂在每週一早上，並正式命名為 0730 大作戰，名為大作戰乃在著眼於此活動為上班外時間，大家是否願意在週一提早十五分鐘到公司來從事基本 5S 活動，我想這種心理的掙扎也算是一種嚴肅的心靈作戰，除了塑造全員參與的環境外，同時為了能使自主保養活動得以不退步，便思考以 JIPM 的 7 個步驟來著手推進本活動。

公司為了促使自主保養活動的良好效率，便以加工以及組立二個職場設定『推展的 7 個步驟』，配合其工作場所的

特性來進行。所以特別把「初期清掃」列為第一步驟，把貫徹管理標準化的自主管理設定在第七步驟，當然一定要確實完成每個步驟，之後才能談工作場所裡每個活動的水平標準；不過為了使活動結果的評價尺度能易於瞭解，因此導入水準認定制度。水準認定制度把七個步驟區分成三個基準，實施各個認定銅、銀、金基準的活動評價（圖 5-5-1）。

7 步驟		第1步驟	第2步驟	第3步驟	第4步驟	第5步驟	第6步驟	第7步驟
活動內容		初期清掃	發生源困難個所對策	維持管理	總點檢	自主點檢	整理整頓	自主管理的徹底化
活動方針		發掘設備的不具合個所	縮短和廢止清掃時間	設定及維持應有的狀況	找出設備的小缺點和減低故障件數	設備的自主管理	三定化的管理	展開公司的方針及達成目標
認定水準		銅水準			銀水準		金水準	
重點課題	加工職場	(防止切削水・切削屑的飛散)			(故障的早期發現和防止)		(防止故障的再發生和標準化)	
	組立職場	(三定化和防止零件的掉落)			(治工具的整備和定期點檢)		(組立困難個所的對策)	

資料來源：TPM實施概況書（1995）

圖 5-5-1　自主保養活動與評價內容

　　在導入 5S・自主保全之際，同時實施了以全員為對象的導入教育。而活動的方式則是設定自主保養模範生產線（9 條生產線）先行展開活動，準模範生產線及一般生產線再依此橫向擴大展開活動。本活動 7 個步驟中的 1「初期清掃」～2「發生源・困難個所對策」的步驟為繫上標籤・取下標籤活動，則是採用「獵鷹計劃大作戰」來使之更生動一些。而整個活動的內容及進度掌握，除了評價活動之外，也有自我

評價的「向日葵大作戰」，取其迎向光明潔淨的生產職場之意，透過這些外在鞭策與自我砥礪的方式，將自主活動貫徹到每個企業同仁的習慣之中。

三、活動的成果

　　5S‧自主保養活動進行的最主要成果在於發現問題點的件數超過六千件，而對策完成之件數也有 5927 之多。另外在故障件數方面，由 1993 年導入初期的 639 件，到 1995 年4 月也降到 167 件，成果可以算是非常不錯的，除了這些有形成果之外，養成員工自主管理的習慣，才是本活動可貴的成果。

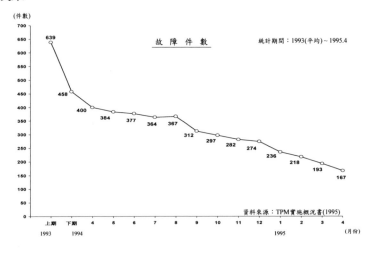

圖 5-5-2　故障件數推移圖

第六節　計畫保養活動

　　〔個案企業〕擁有生產設備的 2/3 是屬於輸入設備,且老舊設備、機器人、NC 占全體的 40%,所以需具有相當的設備、保養技術與管理技術。在導入 TPM 之前,以保養人員為主要中心人物,將其送往日本學習,使其加強突發狀況時的應對能力及故障突發時的修理作業能力。專門保養在導入 TPM 活動時,將保養資料加以分析,有計劃的實行保全業務,支援自主保全活動及掌握新設備引進時的 MP 情報,來達成故障率減低的目標,及有系統的展開推行保養業務。

一、導入前的問題

　　剛開始導入時,設備故障、生產負荷時間的停止損失和因設備精度引起的品質不良等等現象時常發生。而一些奇奇怪怪的想法,如保全課擔當的業務是以修理為主體,只是生產職場的「修理靠山」,在鑄造設備、沖床等,定期保養業務以外,其他發生的突發故障,都採事後保養,另外雖有部分修理和保全情報的記錄,但並未能分析並活用此資料,當然整體的保養技能差,設備修理過後,相同的故障仍一再發生,又對(機器人、NC 設備等)沒經驗或難度較高的修理作業仍需依賴外部廠商來進行維護,由於保養人員對技術集(Knowhow 集)未橫向的展開至其他的保養人員,而使保養活動的擴展很困難。

二、活動的內容

　　首先針對廠內設備進行分級，以便選定計劃保養的對象設備，基本上選定時，依照「品質」、「生產性」、「保養性」、「安全性」四個方向作評價，區分成 A 級（10 台）、B 級（24 台）及 C 級設備，把 A、B 級視為重點設備，有目標性的展開計劃保全活動。整個活動的基本構思如圖 5-6-1 所示。

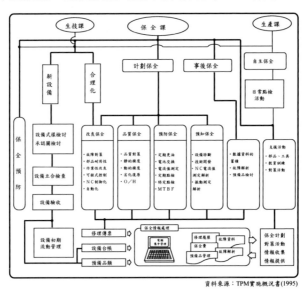

圖 5-6-1　計劃保養的構思圖

　　在推進計劃保全活動時，將依計畫保養五大步驟般來展開（展開的內容如表 5-6-1 所示），並在每一個步驟中設定活動方針，全員確認已完成該步驟的活動內容後，再進入下一個步驟。

表 5-6-1　計劃保養的活動展開內容年表

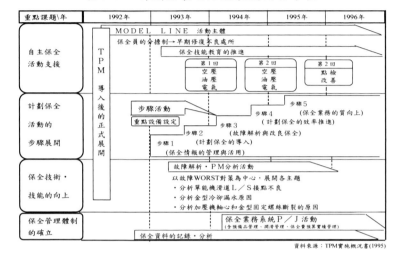

資料來源：TPM實施概況書(1995)

此外，作成設備 MAP 與分析 MTBF 記錄表來掌握每個部位的故障週期，把 MTBF 分析結果用圖表示，除了容易了解，並能成為對策活動的基本資料，並依 M-Q 分析再加上 Q Component 點檢項目，實施點檢活動。由於展開計劃保全而使改良保養、預防保養的實績漸漸增加，並能歸納重點 Know-How，加以推廣。

到了資料累積到一定程度後，開始活用〝保養業務系統〞（他部門共同協力開發之專案主題），將故障資料分析作成保養計劃、預備品的在庫管理及計算保養費用等業務電腦化，來謀求保養業務的效率化。當然提昇保全員的技術、技能和提高保全業務的品質也是非常重要的活動，因此對於技術人員的教育也不遺餘力。

三、活動的成果

計劃保養的成果，具體的如計劃保全率向提昇 8.2 倍、故障件數低減 60%，全公司 A 級設備也降為原來的 34%以下（如圖 5-6-2）。

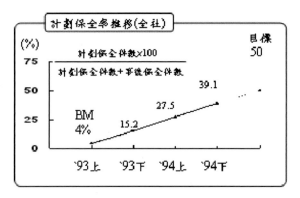

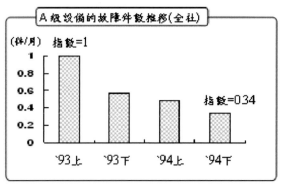

資料來源：參考 TPM 優秀獎概況書（1995）整理

圖 5-6-2　計畫保養活動成果

第七節　品質保養活動

〔個案企業〕為了實現公司「世界顧客滿足度第一」的品質政策，除了實行製造 100%的良品之要因管理並以新機種開發時的市場抱怨再發防止為起始的不良預測、預防，來確保品質，以建立起製造要因指向、上流程指向的品質保證體制。

一、導入前的問題

品質保養未導入前，由於品質不良品時常流入後工程之外，偶爾還會不小心流至市場上，因此，對於不良品的對策，都只停留在解決現狀階段，無法著手在防範不良品發生的思考上，而在新機種導入時，也很難在設定的範圍內進行品質管制，除了上述普遍問題之外，各個部門也存在著不同的問題點（表 5-7-1）。

表 5-7-1　品質保養導入前的問題點

(職種)	〔品　質　狀　況〕
共通	品質不良品流出至後工程(有時是流至市場上的顧客)。 被迫的追求不良發生的對策,而無法著手到不良的未然防止。 新機種開始量產時,很難在設定的品質基準內進行品質管理。
組立	作業標準隨作業者的不同而有差異,因作業者的異動而導致品質不安定。 作業者的粗心疏失(愚巧法疏失)發生頻繁。
加工	無法徹底解決不良品的再發生(沒有充份追究原因)以致時常發生慢性不良。 對機械精度的惡化漠不關心,只以作業者的直覺、經驗為主體進行加工作業。
鑄造	發生了才對策型的模具保全、鑄造條件的狀況管理下,而使慢性不良發生頻繁。

問題點	工程的品質保證之基本條件尚未具備。 對發生不良的原因追求太寬鬆,而造成再發、慢性化。 (以月報表的資料為基準,主要是針對最差的不良來進行對策,所以大多無法立即反應到現場、現物、現象) 品質不良品不但無法在自工程發現還會流出到後工程。 不只是品質不良的未然防止,就連再發防止的對策之橫向展開也作得不充份。 為了確保新機種量產時的品質,須花費許多的時間。

資料來源:TPM實施概況書(1995)

二、活動的內容

　　整個品質保養活動（表 5-7-2），是依據不良要因管理來防止未然,確保新機種量產時的品質（品質的預知、預防）為基本目標,建立 PQA Line 活動,依三大重點來展開,並將具體的活動項目作成了「PQA Line 評價表」設立了 28 個活動要件來推行此活動。

　　這些活動中,從不良的把握（不良分析）、愚巧法的設置（防止不良品發生）、條件設定（不做出不良品）到 Q Component 管理（品質保證體制的建立）,向上延伸至設計開發端的 MQBS（Model Quality Build-up System）活動,一

系列從源頭進行管理的品質活動，都在確保生產出 100%的良品。

表 5-7-2 品質保養活動內容

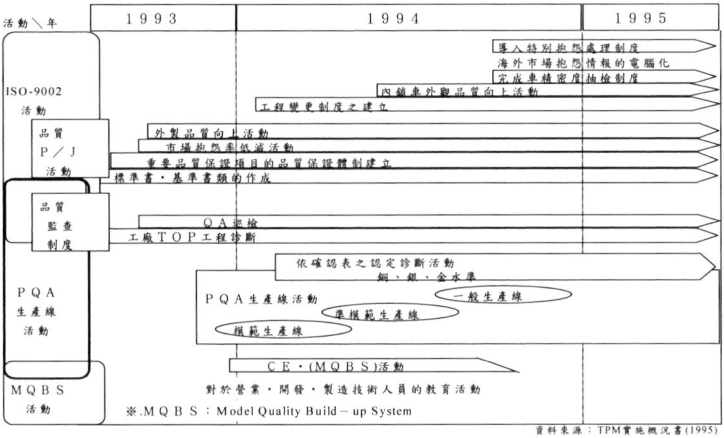
活動＼年
1993
1994
1995
ISO-9002
活動
導入特別抱怨處理制度
海外市場抱怨情報的電腦化
完成車精密度抽檢制度
內銷車外觀品質向上活動
工程變更制度之建立
品質
P／J
活動
外製品質向上活動
市場抱怨率低減活動
重要品質保證項目的品質保證體制建立
標準書・基準書類的作成
品質
監查
制度
QA巡檢
工廠TOP工程診斷
依確認表之認定診斷活動
銅、銀、金水準
PQA
生產線
活動
PQA生產線活動
一般生產線
準模範生產線
模範生產線
CE・(MQBS)活動
MQBS
活動
對於營業・開發・製造技術人員的教育活動
※.MQBS：Model Quality Build－up System

資料來源：TPM實施概況書(1995)

三、活動的成果

品質保養的成果，包括了總直行率提升至少 10%，市場抱怨金額減少一半以及報廢金額大幅降低 1/2 左右，其他在問題分析的手法上，則由以往以經驗為對策想法，慢慢轉變為以有依據、有原理原則的方式來解析。

第八節　間接部門的 TPM 活動

　　經由全部門、全員參加的展開 TPM 活動，標榜企業活動要本地化和培育人才的本公司，在 TPM 的活動方面，間接部門也從當初的「事務 5S」漸漸的提高活動目標，成為以有效率的達成部門業務為目的的活動。

　　在營業部門的活動（表 5-8-1），則以在台灣市場成為被稱讚為「山葉的販賣店是第一乾淨的販店」為目標，針對全省營業據點進行販賣店的 5S 及 CS（Customer Satisfaction）意識提升活動，其次，為了提升服務技能，也針對各販售點的技術人員進行維修技術訓練，期能提升顧客的滿意度，當然，成品車配送的效率化改善，也是營業部門的重要活動課題。

表 5-8-1 營業部門 TPM 活動內容

活動課題\年	1992年	1993年	1994年	1995年
販賣店的 5S CS 意識向上			營業活動的效率化	步驟 3 自主 5S 店鋪的擴大
		販賣店的 5S	步驟 2 習慣性的 維持・落實	
		步驟 1 5S活動指導		
服務 技能的提昇	服務員四行程技術能力的強化			
		品質問題對應能力的提昇		
純正部品 使用率向上	部品 D／L→部品中心 ON LINE化			
		D／L→部品 D／L 訂單的 FAX化		
配送流程 的改善	卡車截運台數的增加			
		3 日前配送明細連絡系統的導入		

資料來源：TPM實施概況書(1995)

　　在開發部門是經由新機種開始量產業務的系統化、確保開發商品的品質或是開發期間的縮短，在營業部門是經由販路 5S 提昇顧客的滿足度以落實提昇販賣業績。在採購部門是對協力廠商推行 TPM 活動的普及，經由指導，提昇了品質和交貨遵守率，在管理部門也有傳票處理業務的效率化等等，各部門都有目標地展開 TPM 活動。

　　這其中以經由 MQBS 活動的目的及構築初期管理系統，來確保新機種的初期量產品質、開發期間的短縮以及提昇新製品的開發能力最具特色。不過活動內容因為牽涉新產品開發的內容與技術，因此，在本研究中不便納入。

　　採購部門，除一面推進提昇部門內的業務效率外，也一面進行協力廠商推行 TPM 活動的指導採購部門的 TPM 活動、開始於 1991 年覺醒期。部門內的活動，有包含辦公室內的環境改善之事務 5S 活動，以提昇業務效率為目的之改善提案的推進和業務基準化作成之小集團活動編成，以及活用 Eye-chart 來減少損失活動等。

　　協力廠商的 TPM 活動指導是從召開 TPM 活動導入說明會開始，解說 TPM 活動的概要和今後的推動方向理解等，有計劃性的推廣擴大指導廠商數。這個部分長久活動下來，不僅使協力廠商交貨的遵守率達到 98%以上，交貨不良率也大幅下降為原來的 1/12，有些協力廠商陸續也取得 TPM 優秀獎，算是非常有活動成效。

　　管理部門為了達成 TPM 活動的目標，次第對各項課題進行活動，教育是從工作的方法著手，到會議、事務機器的操作等；5S 活動則是展開事務機器的自主點檢活動；改善

提案活動乃是經由觀摩競賽使改善意識高揚。活動後半期，
則以提昇事務效率為主要重點，以 Eye-chart 的手法展開小
集團活動，這些改善主題，包含了傳票流程的效率化改善、
表單數量的縮減、以薪水給付計算系統、固定資產管理系
統、貨款管理系統等共有 10 個關連系統為對象的「事務作
業電腦化」改善。

第九節 教育訓練

　　隨著台灣地區各產業之發展，各企業引進事務電腦化設備，及生產設備之自動化及高度化動作，以及提昇設備之管理技術及操作技巧等，都已是不可或缺的策略。在此同時，企業規模有擴大之傾向，大型且員工眾多之企業愈發增加。在這種狀況之下，〔個案企業〕認為要讓每位就業員工之工作效率及自我成就提昇，創造出一個充滿活力的企業，目標就須從教育活動方面著手。此外，亦導入 TPM 活動，希望在將來能培育出員工的專業技術能力，並養成一批精於操控設備之員工，這也是 TPM 活動中有關教育的目標之一。

　　在作法方面，將全公司的教育，區分為職位別教育、職務別教育以及自我啟發 3 種主題的教育，而教育的內容之區分是按照各階層所必要的能力、知識技能來設定，其教育體系圖如圖 5-9-1：

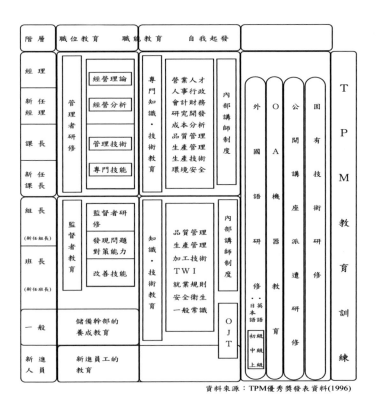

階層	職位教育　職能教育　　自我起發							
經　理 新　任 經　理 課　長 新　任 課　長	管理者研修	經營管理論 經營分析 管理技術 專門技能	專門知識‧技術教育	營業人才 人事行政 會計財務 研究開發 成本分析 品質管理 生產管理 生產技術 環境安全	內部講師制度	外國語研修：日英本語語 初級 中級 上級	O A 機器教育	公開講座派遣研修	固有技術研修	T P M 教育訓練
組　長 (新任組長) 班　長 (新任班長) 一　般 新　進 人　員	監督者教育 儲備幹部的養成教育 新進員工的教育	監督者研修 發現問題對策能力 改善技能	知識‧技術教育	品質管理 生產管理 加工技術 TWI 就業規則 安全衛生 一般常識	內部講師制度 O J T				

資料來源：TPM優秀獎發表資料(1996)

圖 5-9-1 TPM 教育訓練體系圖

　　全公司教育訓練中，TPM 教育訓練是以全部門為對象的重要教育之一。TPM 活動的想法之深入及因受教育訓練而使業務效率改善及提高品質，另外，對於人才的育成自然也成為一個主要重點。TPM 活動的導入教育，是以製造部

門為對象而區分成 6 個階段的 TPM 教育內容，從第 1 階段的「TPM 的必要性和 5S 活動的目的」之教育到第 6 階段的「QC 教育」。而間接部門為對象的 TPM 教育內容是「TPM 經營幹部課程」和「TPM 的基礎概念」的 2 階段。

　　以製造部門的監督者「班長、組長」為對象的教育，區分為在工作崗位上監督者的職務．勞務管理、安全活動及發現問題點和對策活動等科目。此教育是為了使製造部門能瞭解 TPM 活動的全部，使擴展 TPM 活動時能擔當此重大職務。

　　保養技能教育是自主保全活動的實踐教育，主要是學習點檢技能及改善技能，甚至在自動化設備方面亦能對應，達到培養「精通設備操控的人才」之目的。在〔個案企業〕是將保養技能教育，以「保全道場」的名稱，加以教育訓練推展之，目前這方面的課程包括了「空壓、油壓、電氣、點檢與改善」五種課程，這種保全道場，是以監督者（組長、班長）與作業者全體為對象來實施的。保全道場分別設在〔Site A〕與〔Site B〕的保全部門附近，內部有授課過程中的相關教具，可供實習操作的設施等，多數由保全部門遴選資深技術人員，並施以講師訓練課程後，進行施教的活動。

第十節　實施後的建議

　　從實施的過程經驗，提出以下幾項建議，這些建議是依據高階主管、中階主管、基層主管與推動部門人員各四個群體，樣本是各群體隨意抽兩個的方式來進行，作業人員由於直接部門工作的關係，所以並不方便訪談，因此為免偏頗，間接部門的基層員工也不在這次的訪談群體中。

一、基礎管理如 5S 之類，乃是管理活動的根本

　　在早期，公司每月都有一次高階主管（副總、製造經理、副理）的 5S 巡迴檢查，這是一項非常不錯的行動，至少可以確保公司基本的環境品質不致變差，但是，維持水準雖然重要，若不能隨著時間的更迭，而使水準慢慢提昇，則活動的附加價值顯然不足，而且現場人員對於到底應該做些什麼內容，似乎需依賴這些主管的提示，久而久之，主動的意識會被壓抑，進而養成事事等待指示的不良企業文化，對人、對事都不是一件好現象。

二、評價表對改善是有正向助益的

　　推動過程宜設立一些不同水準的參考標準，使每個人依照這些內容去執行改善活動，這樣，人們聰明的頭腦才能慢慢被啟發出來，而貢獻腦力的人會比純貢獻勞力的人更覺得其工作有價值感，對自我成長的滿意度也會較高。

三、改善活動的推行，應該要輔以活潑化的教育

人都是喜歡依照自己的意思做事，而較不喜愛聽從別人的指揮做事，因此，如果每個人能透過自發性的改善來體驗其工作價值，那麼其工作滿意度會大幅提昇，對於人員的流動也會有些許的幫助，運用這種心理來設計活動，則抱怨與反彈會少一些。

活動要規劃成讓員工有引領而望的氣氛，對於活動消息會主動探聽、關心，時時垂詢活動推出的時間，以便能在活動開始時捷足先登，因此「活動遊戲化」的設計便成為一個活動企畫人員應有的觀念，每次活動一推出，就好像百貨公司開幕第一天，如果能吸引員工蜂擁而來參與的熱鬧氣氛，這樣的活動必然有效。例如早期的 4CW Rally 活動，廠內辦一次，廠外辦一次，反應都非常熱烈，而且透過遊戲來達成教育的目的，是一種非常不錯的的方式，類似這樣的活動，讓壓力很大的 TPM 活動有一個舒緩的效果，對於推行的過程，應該有正面的幫助，而且大家也會比較有團隊參與的感覺。

四、經營者的意念，對於 TPM 活動的推行成敗，具關鍵要素

董事長曾在優秀獎的實施概況書中說：目前，此活動已經紮根成為全公司的活動，並已使各部門間產生一體感，業務效率也呈現顯著的改善效果，同時，確信這種活動為企業體質的改善帶來了很大的貢獻。

五、高階主管在初期活動，應緊迫盯人

當然，實施 TPM 活動是很費力的，剛開始基層其實是抱著觀望的態度，畢竟生產量壓力又大，工作無法負荷，因此，要撥出時間進行，有一定的困難。若非高階主管常常施以壓力，尤其示範線非常認真執行，如果不投入一點時間在活動執行上，跟其他單位比起來，就會顯得有很大的差異。

六、以榮譽競爭的方式，激發正面的競爭心理

而且每個活動的水準都掛在生產線上面，如果成績差別人太多，雖然嘴巴說無所謂，其實除非沒有榮譽心，不然不可能不在意。

七、改善不光只是內部，供應鏈的改善也是很重要的

並非每個人都喜歡類似的活動，因為有時候做得超乎想像，也花費不少成本，不過現在整體來看，不光是公司內部的變化，有些供應商的改變也是對公司有幫助的，例如交貨的品質、交期以及成本的管控等，都得到不錯的回應，這些好處，應該還是值得的。

八、跨機能的訓練應搭配人事制度

保全道場設置這種作法，對於生產部門人員進行簡單設備改善以及自主點檢時的能力提升，有很大的幫助，不過，課程內容的設計、教學的方法以及受訓合格者的相對激勵措

施，也必須要加以考慮。（本研究備註說明：保全道場是基於訓練操作人員或保養相關人員具備保養、改善能力的場所，有點類似職業技能訓練教室，內部放置教學道具及實際練習用的設施）。

九、外部機構來廠觀摩是督促維持基礎管理水準的動力

TPM 實施的過程，常常會有外部機構要求來廠觀摩，最頻繁的時候每週三次也是有的，這對於生產線造成很大的干擾，不過後期在頻率及外部機構的篩選上做了一些規範，所以干擾就比較少了，然而，這種接受外部的觀摩活動其實是有必要的，最低程度可以讓企業時常維持一定的水準，尤其是 5S 之類的項目，比較不易鬆懈，嚴格上說來，這反而是一種不用花太多成本的外部稽核。

參考文獻

1. Campbell, D., Evolutionary epistemology, Schilpp, P.A. The Philosophy of Karl Popper, Open Course Press, 1974. pp.413–463.
2. Campbell, D., "Levels of organization, downware causation, and the election-theory approach to evolutionary epistemology", The T.C. Schneirla Conference Series, 1990. Vol. 4, pp.1–17.
3. Cua, Kristy O., Kathleen E. McKone , Roger G. Schroeder, "Relationships between implementation of TQM, JIT, and TPM and manufacturing performance" , Journal of Operations Management, 2001.Vol. 19, pp.675–694.
4. Garwood, W.R., "World class or second class", Vital Speeches of the Day, 1990. 57 Vol. 2, pp. 47–50.
5. Hayes, R. H. and S. C. Wheelwright. Restoring Our Competitive Edge: Competing Through Manufacturing, New York: Wiley, 1984.
6. Ho, S. K., "TQM And Organization Change", The International Journal of Organizational Analysis, 1999. Vol. 7, No. 2, pp.169-181.
7. Huang, P., "World Class Manufacturing in the 1990s: Integrating JIT, TQC, FA, and TPM with Worker Participation", In Modern Production Concepts: Theory and Applications, ed. G. Fandel et al., New York: Springer. 1991. pp.491–507.

8. Imai, M., "Will America's Corporate Theme Song be Just In Time? ", Journal of Quality Participation, 1998. Vol. 21, No. 2, pp.26–28.

9. Kececioglu, D., Maintainability, Availability and Operational Readiness Engineering Handbook （Maintainability, Availability & Operational Readiness Engine）, Prentice Hall PTR. 1995.

10. Koelsch, J. R., "A Dose of TPM: Downtime Needn't be a Bitter Pill", Manufacturing Engineering, April 1993. pp.63–66.

11. McCarthy, Dennis and Nick Rich, Lean TPM, Press, Elsevier. 2004. p.21.

12. McFadden, R.H., "Developing a Database for a Reliability, Availability, and Maintainability Improvement Program for an Industrial Plant or commercial Building", IEEE Transactions on Industry Applications, 1990.Vol. 26, No.4.

13. McKone K. E., R. G. Schroeder and K. E. Cue, "Total productive maintenance: a contextual view", Journal of Operations Management, 1999. Vol. 17, pp.123-144.

14. McKone K. E., R. G. Schroeder and K. E. Cue, "The Impact of Total Productive Maintenance Practices on Manufacturing Performance", Journal of Operations Management, 2001. Vol. 19, pp.39-58.

15. Nakajima, S., Introduction to TPM, Productivity Press, Cambridge, MA. 1988.

16. Okogbaa, G., Huang, J., and Shell, R. L., "Database Design for Predictive Preventive Maintenance System of Automated Manufacturing System", Computers and Industrial Engineering,

1992. Vol 23, No.1-4, pp.7-10.

17. Pintelonm, L. and Wassenhove, L. V., "A Maintenance Management Tool", OMEGA Int.J.of Mgmt Sci., 1990.Vol 18, No.1, pp.59-70.

18. Rich, N., 2002. Turning Japanese? , PhD Thesis, Cardiff University.

19. Schonberger, R.J., World Class Manufacturing: The Lessons of Simplicity Applied, The Free Press, New York. 1986.

20. Shiba, S., Graham, A., Walden, D., A New American TQM: Four Practical Revolutions in Management, Productivity Press, Cambridge, MA. 1993.

21. Steinbacher, H.R., Steinbacher, N.L., TPM for America: What It Is and Why You Need It, Productivity Press, Cambridge, MA. 1993.

22. Struan A. Robertson , Engineering management, Philosophical Library, 1961.

23. Suzuki, T., New directions for TPM, Productivity Press, Cambridge, MA. 1992.

24. Tajiri, M., Gotoh, F., TPM Implementation: A Japanese Approach, McGraw-Hill, New York. 1992.

25. Tsai, Y. T. , Wang, K. S. and Teng, H. Y., "Optimizing Preventive Maintenance for Mechanical Components Using Genetic Algorithms", Reliability Engineering and System Safety , 2001. Vol 74, pp.89-97.

26. Tsuchiya, S., Quality Maintenance: Zero Defects Through

Equipment Management, Productivity Press, Cambridge, MA. 1992.

27. Tunälv, C., "Manufacturing Strategy—Plans and Business Performance", International Journal of Operations and Production Management, 1992.Vol 12, No.3, pp.4-24.

28. Womack, J. and Jones, D., Lean Thinking, New York: Simon and Schuster. 1996.

29. Wu, Bin and Jonathan JM Seddon, "An Anthropocentric Approach to Knowledge-based Preventive Maintenance", Journal of Intelligent Manufacturing, 1994. Vol. 5, pp.389-397.

30. 中嶋清一，白勢國夫監修，1992，新‧TPM 展開プログラム—加工組立篇；JIPM 編

31. 中嶋清一，1995，トォプのための 經營革新と TPM；JIPM 編

32. 後藤文夫，1995，設備開發と設計；JIPM 發行，pp.16-42.

33. 高橋義一，長田貴，1985，TPM—全員參加の設備指向マネジメントー；日刊工業新聞社發行，p.76.

34. 王基村，2003，台灣製造業導入 TP 管理模式構建之研究，逢甲大學工業工程研究所碩士論文。

35. 郭亦桓，2001，台灣半導體廠設備管理標竿：黃光區設備，國立清華大學工業工程與工程管理研究所碩士輪文。

36. 張遠茂，1999，全面生產保養管理之應用與效益探討:以 TPM 得獎廠商為例，長庚大學管理學研究所碩士論文。

37. 陳素恩，2002，探討國內企業推動 TPM 所需之本土化專業教育訓練規劃之內涵，朝陽科技大學工管研究所碩士論文

38. 陳怡維，2001，<u>資料包絡分析法在全面生產保養績效評估之研究</u>，長庚大學管理學研究所碩士論文。

39. 高福成，1994，<u>TPM 全面生產保養推進實務</u>，中衛發展中心。

40. 李茂欣，2001，<u>推動團隊特質與全面生產管理施行績效之關係</u>，國立中山大學企業管理研究所碩士論文。

41. 張致誠，2002，<u>實行 TQM、JIT 及 TPM 與企業績效間的關係</u>，大同大學事業經營研究所碩士論文。

42. 光陽工業，2002，<u>2002 年 TPM 實施概況書</u>，光陽工業。

43. 台灣山葉機車工業，1995，<u>1995 年 TPM 實施概況書</u>，台灣山葉機車工業。

44. 台灣山葉機車工業，1996，<u>1995 年 TPM 優秀獎發表會資料</u>，台灣山葉機車工業。

國家圖書館出版品預行編目

二分之一 TPM /高福成著. -- 一版. -- 臺北市
：秀威資訊科技, 2006[民 95]
　　面 ；　公分. -- (商業企管類 ；PI0006)
參考書目：面
ISBN 978 - 986-7080-74-5(平裝)

1. 設備管理

494.58　　　　　　　　　　　　95014299

商業企管類　PI0006

二分之一 TPM

作　　者 / 高福成
發 行 人 / 宋政坤
執行編輯 / 林世玲
圖文排版 / 郭雅雯
封面設計 / 羅季芬
數位轉譯 / 徐真玉　沈裕閔
圖書銷售 / 林怡君
網路服務 / 徐國晉
出版印製 / 秀威資訊科技股份有限公司
　　　　　台北市內湖區瑞光路 583 巷 25 號 1 樓
　　　　　電話：02-2657-9211　　　傳真：02-2657-9106
　　　　　E-mail：service@showwe.com.tw
經 銷 商 / 紅螞蟻圖書有限公司
　　　　　台北市內湖區舊宗路二段 121 巷 28、32 號 4 樓
　　　　　電話：02-2795-3656　　　傳真：02-2795-4100
　　　　　http://www.e-redant.com

2006 年 8 月 BOD 一版
定價：280 元

讀 者 回 函 卡

感謝您購買本書，為提升服務品質，煩請填寫以下問卷，收到您的寶貴意見後，我們會仔細收藏記錄並回贈紀念品，謝謝！

1.您購買的書名：＿＿＿＿＿＿＿＿＿＿＿＿＿＿＿＿＿＿

2.您從何得知本書的消息？

　　□網路書店　　□部落格　　□資料庫搜尋　　□書訊　　□電子報　　□書店

　　□平面媒體　　□ 朋友推薦　　□網站推薦　　□其他＿＿＿＿＿＿

3.您對本書的評價：(請填代號　1.非常滿意 2.滿意 3.尚可 4.再改進)

　　封面設計＿＿　版面編排＿＿　內容＿＿　文/譯筆＿＿　價格＿＿

4.讀完書後您覺得：

　　□很有收獲　　□有收獲　　□收獲不多　　□沒收獲

5.您會推薦本書給朋友嗎？

　　□會　□不會，為什麼？＿＿＿＿＿＿＿＿＿＿＿＿＿＿＿＿＿＿

6.其他寶貴的意見：＿＿＿＿＿＿＿＿＿＿＿＿＿＿＿＿＿＿

　　＿＿＿＿＿＿＿＿＿＿＿＿＿＿＿＿＿＿＿＿＿＿＿＿＿＿

　　＿＿＿＿＿＿＿＿＿＿＿＿＿＿＿＿＿＿＿＿＿＿＿＿＿＿

　　＿＿＿＿＿＿＿＿＿＿＿＿＿＿＿＿＿＿＿＿＿＿＿＿＿＿

讀者基本資料

姓名：＿＿＿＿＿＿＿＿＿＿　年齡：＿＿＿＿　性別：□女 □男

聯絡電話：＿＿＿＿＿＿＿＿　E-mail：＿＿＿＿＿＿＿＿＿＿

地址：＿＿＿＿＿＿＿＿＿＿＿＿＿＿＿＿＿＿＿＿＿＿＿＿＿

學歷：□高中(含)以下　　□高中　□專科學校　　□大學

　　　□研究所(含)以上 □其他＿＿＿＿＿＿＿＿

職業：□製造業 □金融業 □資訊業 □軍警 □傳播業 □自由業

　　　□服務業 □公務員 □教職　□學生 □其他＿＿＿＿＿

(請沿線對摺寄回,謝謝!)

秀威與 BOD

BOD（Books On Demand）是數位出版的大趨勢，秀威資訊率先運用 POD 數位印刷設備來生產書籍，並提供作者全程數位出版服務，致使書籍產銷零庫存，知識傳承不絕版，目前已開闢以下書系：

一、BOD 學術著作—專業論述的閱讀延伸
二、BOD 個人著作—分享生命的心路歷程
三、BOD 旅遊著作—個人深度旅遊文學創作
四、BOD 大陸學者—大陸專業學者學術出版
五、POD 獨家經銷—數位產製的代發行書籍

BOD 秀威網路書店：www.showwe.com.tw
政府出版品網路書店：www.govbooks.com.tw

永不絕版的故事‧自己寫‧永不休止的音符‧自己唱